KB139063

과학공화국 물리법정

2

물리와 생활

과학공화국 물리법정 2

물리와 생활

초판 1쇄 발행일 | 2004년 8월 03일
초판 30쇄 발행일 | 2022년 9월 28일

지은이 | 정완상
펴낸이 | 정은영
펴낸곳 | (주)자음과모음

출판등록 | 2001년 11월 28일 제2001-000259호
주소 | 10881 경기도 파주시 회동길 325-20
전화 | 편집부 (02)324 - 2347, 총무부 (02)325 - 6047
팩스 | 편집부 (02)324 - 2348, 총무부 (02)2648 - 1311
e-mail | jamoteen@jamobook.com

ISBN 978 - 89 - 544 - 0193 - 7 (03420)

과학공화국 물리법정

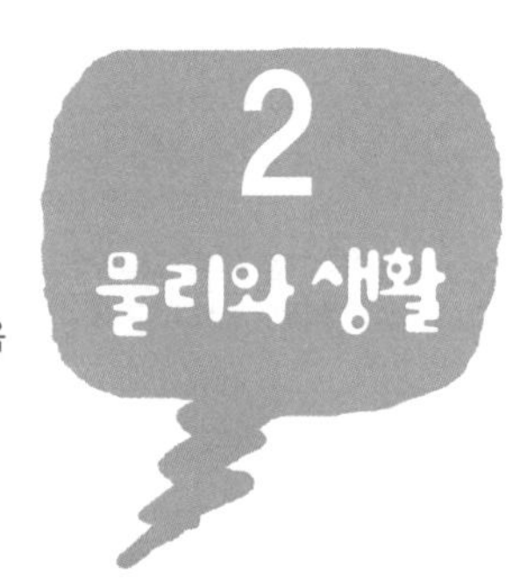

정완상(국립 경상대학교 교수) 지음

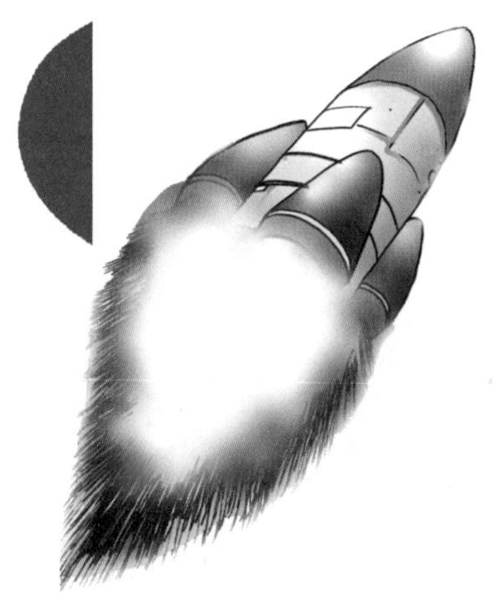

(주)자음과모음

| 이 책을 읽기 전에 |

생활 속에서 배우는
기상천외한 과학 수업

물리와 법정, 이 두 가지는 전혀 어울리지 않은 소재들입니다. 그리고 여러분에게 제일 어렵게 느껴지는 말들이기도 하지요. 그럼에도 불구하고 이 책의 제목에는 분명 '물리법정'이라는 말이 들어 있습니다. 그렇다고 이 책의 내용이 아주 어려울 거라고 생각하지는 마세요.

저는 법률과는 무관한 과학을 공부하는 사람입니다. 하지만 '법정'이라고 제목을 붙인 데에는 이유가 있습니다.

이 책은 우리의 생활 속에서 일어나는 여러 가지 재미있는 사건을 다루고 있습니다. 그리고 물리적인 원리를 이용해 사건들을 차근차근 해결해 나간답니다. 그런데 크고 작은 사건들의 옳고 그름을 판단하기 위한 무대가 필요했습니다. 바로 그 무대로 법정이 생겨나게 되었답니다.

왜 하필 법정이냐고요? 요즘에는 〈솔로몬의 선택〉을 비롯하여 생활 속에서 일어나는 사건들을 법률을 통해 재미있게 풀어 보는 텔레비전 프로그램들이 많습니다. 그리고 그 프로그램들이 재미없다고 느껴지지도 않을 겁니다. 사건에 등장하는 인물들이 우스꽝스럽고, 사건을 해결하는 과정도 흥미진진하기 때문입니다. 〈솔로몬의 선택〉이 법률 상식을 쉽고 재미있게 얘기하듯이, 이 책은 여러분의 물리 공부를 쉽고 재미있게 해 줄 것입니다.

여러분은 이 책을 읽고 나서 자신의 달라진 모습에 놀랄 겁니다. 과학에 대한 두려움이 사라지고, 새로운 문제에 대해 과학적인 호기심을 보이게 될 테니까요. 물론 여러분의 과학 성적도 쑥쑥 올라가겠죠?

물리법정을 발표한 지 얼마 안 되어 물리법정 응용물리편을 쓰게 되었습니다. 이번 응용물리편에서는 여러 생활 현장에서 벌어지는 사건들 속에 숨은 물리 법칙을 소개하는 데 초점을 맞추어 보았습니다. 끝으로 물리법정이라는 타이틀로 두 권의 책을 쓸 수 있게 배려해 주신 (주)자음과모음의 강병철 사장님과 모든 식구들에게 감사를 드립니다.

진주에서

정완상

| 프롤로그 |

물리법정의 탄생

과학을 좋아하는 사람들이 모여 사는 과학공화국이 있었다. 과학공화국의 국민들은 어릴 때부터 과학을 필수과목으로 공부하고, 첨단 과학으로 신제품을 개발해 엄청난 무역 흑자를 올리고 있었다. 그리하여 과학공화국은 세상에서 가장 부유한 나라가 되었다.

과학에는 물리학, 화학, 생물학 등이 있는데, 과학공화국 국민들은 다른 과학 과목에 비해서 유독 물리학을 어려워했다. 돌멩이가 떨어지는 것이나 자동차의 충돌 사고, 놀이 기구의 작동 원리, 정전기를 느끼는 일 등과 같은 물리적인 현상은 주변에서 쉽게 관찰되지만, 그러한 현상들의 원리를 정확하게 알고 있는 사람은 드물었다.

그 이유는 과학공화국의 대학 입시 제도와 관련이 깊었다. 대부분의 고등학생들은 대학 입시에서 높은 점수를 받기 쉬운 화학, 생물을 선호하고 물리를 멀리했다. 학교에서는 물리를 가르치는 선생님들이 줄어들었고, 선생님들의 물리 지식 수준 역시 낮아졌다.

이런 상황에서도 과학공화국에서는 물리를 이해해야 해결할 수 있는 크고 작은 사건들이 많이 일어났다. 그런데 대부분의 사건을 법학을 공부한 사람들이 다루어서 정확한 판결을 내리기가 힘들었다. 이로 인해 물리학을 잘 모르는 일반 법정의 판결에 불복하는 사람들이 많아져 심각한 사회문제로 떠오르고 있었다.

그리하여 과학공화국의 박과학 대통령은 회의를 열었다.

"이 문제를 어떻게 처리하면 좋겠소?"

대통령이 힘없이 말을 꺼냈다.

"헌법에 물리적인 부분을 좀 추가하면 어떨까요?"

법무부 장관이 자신 있게 말했다.

"좀 약하지 않을까?"

대통령이 못마땅한 듯 대답했다.

"물리학과 관계된 사건에 대해서는 물리학자를 법정에 참석시키면 어떨까요? 의료 사건의 경우 의사를 참석시켰는데 성공적이었거든요."

의사 출신인 보건복지부 장관이 끼어들었다.

"의사를 참석시켜서 뭐가 성공적이었소? 의사들의 실수로 인한 의료 사고를 다루는 재판에서 의사가 피고(소송을 당한 사람)인 의사 편을 들어 피해자가 속출했잖소."

내무부 장관이 보건복지부 장관에게 항의했다.
"자네가 의학을 알아? 전문 분야라 의사들만 알 수 있다고."
"가재는 게 편이라고, 항상 의사들에게 유리한 판결만 나왔잖아."
평소 사이가 좋지 않은 두 장관이 논쟁을 벌였다.
"그만두시오. 우린 지금 의료 사건 얘기를 하는 게 아니잖아요. 본론인 물리 사건에 대한 해결책을 말해 보세요."
부통령이 두 사람의 논쟁을 막았다.
"우선 물리부 장관의 의견을 들어 봅시다."
수학부 장관이 의견을 냈다.
그때 조용히 눈을 감고 있던 물리부 장관이 말했다.
"물리학으로 판결을 내리는 새로운 법정을 만들면 어떨까요? 한마디로 물리법정을 만들자는 겁니다."
"물리법정!"
침묵을 지키고 있던 박과학 대통령이 눈을 크게 뜨고 물리부 장관을 쳐다보았다.
"물리와 관련된 사건은 물리법정에서 다루는 것이죠. 그리고 그 법정에서의 판결들을 신문에 실어 널리 알리면 사람들이 더 이상 다투지 않고 자신의 잘못을 인정할 겁니다."
물리부 장관이 자신 있게 말했다.
"그럼 물리와 관련된 법을 국회에서 만들어야 하잖소?"
법무부 장관이 물었다.

"물리학은 정직한 학문입니다. 사과나무의 사과는 땅으로 떨어지지 하늘로 올라가지는 않습니다. 또한 양의 전기를 띤 물체와 음의 전기를 띤 물체 사이에는 서로 끌어당기는 힘이 작용하죠. 이것은 지위와 나라에 따라 달라지지 않습니다. 이러한 물리적인 법칙은 이미 우리 주위에 있으므로 새로운 물리법을 만들 필요는 없습니다."

물리부 장관의 말이 끝나자 대통령은 매우 흡족해했다. 이렇게 해서 물리공화국에는 물리 사건을 담당하는 물리법정이 만들어지게 되었다.

다음은 물리법정의 판사와 변호사를 결정해야 했다. 하지만 물리학자는 재판 진행 절차에 미숙하므로 물리학자에게 재판 진행을 맡길 수는 없었다. 그리하여 과학공화국에서는 물리학자들을 대상으로 사법고시를 실시했다. 시험 과목은 물리학과 재판 진행법 두 과목이었다.

많은 사람들이 지원할 거라 기대했지만 3명의 물리 법조인을 선발하는 시험에 단 3명이 지원했다. 결국 지원자 모두 합격하는 해프닝이 벌어졌다.

1등과 2등의 점수는 만족할 만한 점수였지만 3등을 한 물치는 시험 점수가 형편없었다. 1등을 한 물리짱이 판사를 맡고, 2등을 한 피즈와 3등을 한 물치가 원고(법원에 소송을 한 사람) 측과 피고 측의 변론(법정에서 주장하거나 진술하는 것)을 맡게 되었다.

이제 과학공화국의 사람들 사이에서 벌어지는 수많은 사건들이 물리법정의 판결을 통해 원활히 해결될 수 있었다. 그리고 국민들은 물리법정의 판결들을 통해 물리를 쉽고 정확히 알게 되었다.

| 차례 |

제1장

우주에서도 글씨를 쓸 수 있을까

무중력상태의 낙하 법칙_우주에서도 써지는 볼펜

우주에서는 볼펜을 쓸 수 없을까

달의 중력은 지구보다 작다_아폴로 하우스 202호

달에서는 2층으로 오르내리는 계단이 필요 없을까

무중력 운동_멈추지 않는 공포의 그네

달에서는 그네를 타다가 혼자 내릴 수 없을까

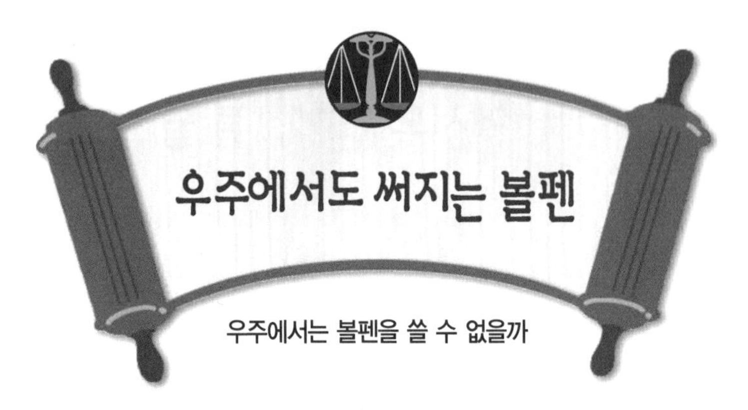

사건 속으로

드디어 과학공화국에도 우주여행의 시대가 왔다. 달까지 왕복하는 단체 로켓뿐 아니라 개인이 혼자 타고 갈 수 있는 소형 로켓도 등장했다.

평소 우주여행을 하고 싶어 했던 이필기 씨는 그동안 모은 돈으로 소형 로켓 미니스를 샀다. 미니스를 타고 달로 출발하기 위해 그는 필요한 것들을 구입했다.

평소 여행을 즐기는 이필기 씨는 여행지를 돌아다니면서 기행문 쓰는 것을 즐겼다. 이번에는 처음 지구 밖으로 떠나는 여행이라 다른 때보다 더 들떠 있는 이필기 씨는 동네 문구점에 갔다.

"우주여행을 하면서 글을 좀 쓰려고 하는데 볼펜 좀 주세요."

문구점 주인 모든펜 씨는 이필기 씨에게 요즘 가장 잘 팔리는 볼펜을 권유했다.

"이 펜 우주에서도 써지죠?"

이필기 씨가 물었다.

"우주뿐 아니라 천국에서도 써지는 볼펜이에요."

이필기 씨는 문구점 주인의 말을 믿고 볼펜 한 다스를 사서 짐 가방에 넣었다.

모든 준비가 끝나고 이필기 씨는 미니스를 타고 우주를 향해 떠났다. 지구 대기권을 지나 무중력상태의 우주가 나타났다. 그러자 이필기 씨의 몸이 둥둥 뜨기 시작했다.

이필기 씨는 가방에서 펜을 꺼내 공책에 쓰려고 했다. 그런데 공책에 글씨가 써지지 않았다. 다른 펜도 마찬가지였다.

결국 우주여행에서 기행문을 쓰지 못하고 돌아온 이필기 씨는, 우주에서 쓸 수 없는 볼펜을 팔아서 우주를 본 느낌을 기록하지 못했다며 문구점 주인을 물리법정에 고소했다.

질량을 가진 볼펜 속 잉크는 무중력상태에서는
바닥으로 떨어지지 않습니다.

여기는 물리법정 이필기 씨는 우주에서 글을 쓰고 싶었는데 모든펜 씨가 권한 볼펜으로는 글씨를 쓸 수 없었군요. 왜 그랬는지 물리법정에 알아봅시다.

물리짱 판사

물치 변호사

피즈 검사

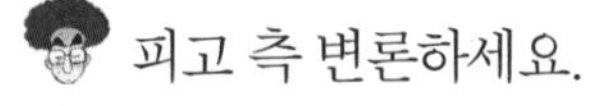

피고 측 변론하세요.

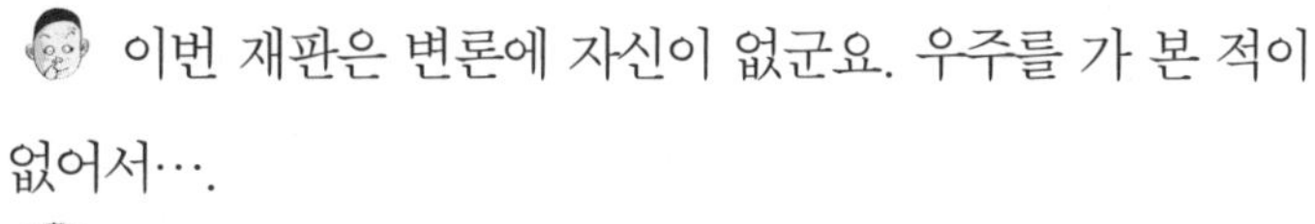

이번 재판은 변론에 자신이 없군요. 우주를 가 본 적이 없어서….

물치 변호사. 지금 그걸 변론이라고 하는 겁니까?

간 적이 없어서 아는 게 없는데 어떡합니까?

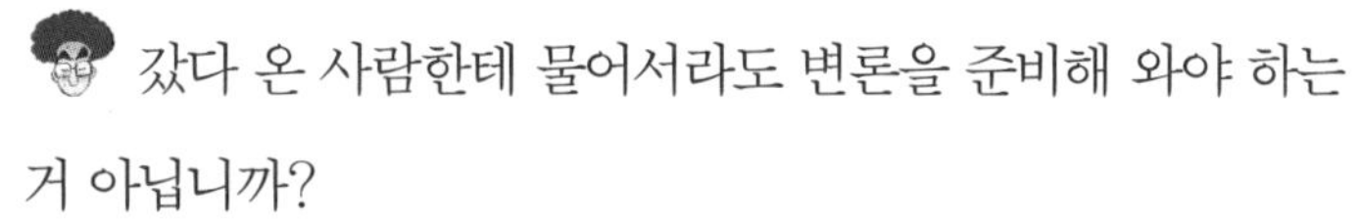

갔다 온 사람한테 물어서라도 변론을 준비해 와야 하는 거 아닙니까?

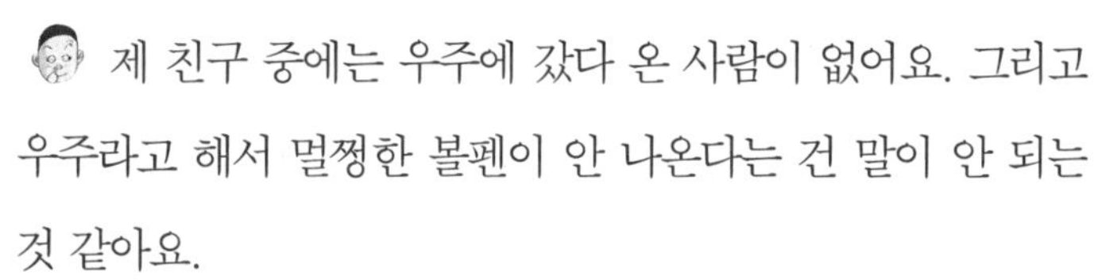

제 친구 중에는 우주에 갔다 온 사람이 없어요. 그리고 우주라고 해서 멀쩡한 볼펜이 안 나온다는 건 말이 안 되는 것 같아요.

정말 한심한 변론이군. 원고 측 변론하세요.

동감입니다. 저런 변호사와 함께 재판을 한다는 게 자존심이 상합니다.

재판장님. 지금 원고 측 변호사는 저에 대한 인신공격을 하고 있습니다.

당해도 쌉니다. 제발 재판에 나올 때 뭐라도 준비 좀 하고 나오세요. 원고 측 계속하세요.

우주여행 전문가인 이우주 씨를 증인으로 요청합니다.

머리에는 오토바이 헬멧을 쓰고 우주복을 입은 증인이 등장했다.

우주에서는 볼펜이 안 써집니까?

네, 그렇습니다.

왜 그렇죠?

우주로 가면 지구에서 멀어져서 지구가 물체를 잡아당기는 힘, 그러니까 중력이 없어집니다. 중력이 없으니까 우리는 로켓 안에서 바닥에 떨어지지 않고 둥둥 떠다니게 되는 거죠. 이런 상태를 무중력상태라고 합니다.

그것과 볼펜이 안 나오는 것이 무슨 관계가 있죠?

볼펜으로 글씨가 써지는 것은 볼펜 속의 잉크가 종이로 떨어지기 때문입니다. 잉크도 역시 질량을 가지고 있으니까 지구가 당기는 중력 때문에 아래로 떨어지죠. 하지만 무중력상태가 되면 볼펜 속의 잉크가 바닥으로 떨어지지 않습니다. 그래서 종이에 잉크가 묻지 않으니까 글씨가 써지지 않는 겁니다.

정말 신기하군요. 잉크가 떨어지지 않다니.

무중력상태에서는 신기한 일들이 많습니다. 오줌도 맘대로 눌 수 없어요. 오줌이 바닥에 떨어지지 않고 둥둥 떠다닐 테니까요.

이의 있습니다. 지금 증인은 더러운 비유를 통해 법정을 모독하고 있습니다.

증인은 무중력상태에서 액체가 아래로 떨어지는가 안 떨어지는가를 설명하고 있는 겁니다.

원고 측 계속하세요.

그렇다면 우주여행을 할 때는 필기구를 사용할 수 없다는 건가요?

사용할 수 있는 필기구가 있습니다.

그게 뭐죠?

바로 연필입니다.

왜죠?

연필은 액체 상태의 잉크가 종이로 내려오는 원리에 의해 쓰여지는 것이 아니라 종이와 연필심을 마찰시켜서 종이에 자국을 남기는 것입니다. 그러므로 무중력 공간에서도 사용할 수 있습니다.

이필기 씨는 문구점 주인에게 우주에서도 써지는 펜을 달라고 했습니다. 그런데 문구점 주인이 무중력상태에서 잉크가 바닥으로 떨어지지 않는다는 것을 알았다면 잉크를 사용하는 볼펜 대신 무중력 공간에서도 쓸 수 있는 연필을 권해야 했습니다. 그러므로 이번 사건은 모든펜 씨가 무중력 공간에서의 물리학에 대해 무지하여 발생한 사건이므로, 이

필기 씨가 기행문을 쓰지 못한 데 대한 책임은 전적으로 문구점 주인에게 있다고 생각합니다.

무중력 공간에서는 모든 물체가 중력을 받지 못해 땅에 떨어지지 않는다는 것은 잘 알려진 사실입니다. 그럼에도 불구하고 중력에 의해 잉크가 내려와서 써지는 필기도구를 권한 문구점 주인 모든펜 씨는 이번 사건에 대한 책임이 있다고 할 것입니다.

하지만 이필기 씨는 최근에 우주여행을 다녀왔고, 아직까지 그가 눈으로 본 우주에 대한 영상이 머릿속에 남아 있을 것이라고 생각하여 다음과 같이 판결합니다.

피고 모든펜 씨는 원고 이필기 씨가 기행문을 쓸 수 있는 좋은 장소를 제공하여 이필기 씨가 기행문을 완성할 때까지 모든 비용을 부담할 것을 판결합니다.

이필기 씨는 과학공화국의 우주 연구소가 운영하는 우주 펜션에서 글을 쓰기로 했다. 펜션을 사용하는 모든 비용은 모든펜 씨가 지불했는데, 이필기 씨는 이곳에 있는 우주에 관한 많은 자료와 우주여행에 대한 모의실험실을 이용하여 일주일 동안 우주여행에 대한 기행문을 완성했다. 그의 기행문은 책으로 출간되어 베스트셀러가 되었다.

달에서는 2층으로 오르내리는
계단이 필요 없을까

사건 속으로

과학공화국은 달에 실내 도시인 암스트롱 시티를 건설했다. 과학공화국은 국민들을 달로 이주시키기 위해 암스트롱 시티에 10층짜리 아파트를 짓기로 하였다.

그리고 이 공사를 월대 건설에 맡겼다. 월대 건설은 과학공화국 최대의 건설 회사인 과대 건설의 계열사로, 달에서의 건설을 주로 담당하는 회사였다.

드디어 달에 최초의 아파트인 아폴로 하우스가 완공되었고, 지구에서 로켓을 타고 온 많은 입주자들이 암스트롱 공항에

도착하였다.

노총각인 고점프 씨도 암스트롱 시티의 농구장 건설을 위해 아폴로 하우스에 살게 되었다. 고점프 씨의 집은 2층이었다. 아파트는 1층의 분양가가 제일 쌌는데, 그것은 1층만이 계단이나 엘리베이터를 이용하지 않기 때문이었다. 하지만 고점프 씨는 2층에 살기 때문에 1층보다는 비싼 분양가를 지불해야 했다.

달에 처음 온 고점프 씨는 아파트 베란다로 가서 밖을 둘러보았다. 많은 인부들이 암스트롱 시티 여기저기에 건물을 짓느라 분주했다.

그러던 어느 날, 베란다에 난간이 없어 고점프 씨는 발을 헛디뎠고 결국 1층으로 추락했다. 그런데 바닥에 떨어진 고점프 씨는 뭔가 이상한 느낌을 받았다. 2층에서 떨어진 것이 아니라 마치 50~60센티미터의 높이에서 떨어진 것처럼 별 느낌이 없었기 때문이다.

이상하게 생각한 고점프 씨는 2층 베란다를 향해 뛰어올라 보았다. 놀랍게도 고점프 씨는 2층 베란다에 올라갈 수 있었다.

이 실험을 여러 번 해 본 고점프 씨는 이 아파트 2층에 사는 사람은 계단으로 오르내릴 필요가 없다는 것을 알게 되었다.

고점프 씨는 2층으로 오르내릴 때 계단이 필요 없는데도 불구하고 계단 사용료를 받은 월대 건설을 물리법정에 고소했다.

달의 중력은 지구보다 6분의 1 정도 작습니다.
때문에 누구든지 달에서는 높게 뛰어오를 수 있답니다.

여기는 물리법정 고점프 씨는 어떻게 2층으로 뛰어오를 수 있었을까요? 물리법정에서 그 원리를 알아볼까요.

피고 측 변론하세요.

보통 사람들은 계단을 이용하지 않고는 2층으로 올라갈 수 없습니다. 본 변호사가 달에는 가 보지 않았지만 달이라고 해서 그런 일이 가능할 거라는 생각은 들지 않습니다. 아마도 원고인 고점프 씨에게는 다른 사람이 갖지 못한 뛰어난 점프 능력이 있는 것 같습니다. 그러므로 원고 측 주장은 근거가 없다고 생각합니다.

원고 측 변론하세요.

달에서의 생활 물리를 전공하는 월인생 박사를 증인으로 요청합니다.

월인생 박사가 증인석에 앉았다.

증인은 달에서 사람들이 생활할 때 지구와 달라지는 현상에 대한 물리를 연구하고 있지요?

그렇습니다.

이번 사건처럼 보통 사람들이 달에서 2층으로 쉽게 오르내리는 것이 가능합니까?

아주 쉬운 일입니다. 뿐만 아니라 2층에서 3층으로, 3층에서 4층으로 모든 층을 쉽게 오르내릴 수 있습니다.

그러면 달에서 건물을 지을 때 계단을 만들 필요가 없겠군요.

물론입니다.

잘 이해가 안 가는데 그 이유를 설명해 주세요.

달의 중력이 지구의 중력에 비해 작기 때문입니다.

중력이 작으면 더 높이 뛰어오를 수 있나요?

물론이죠. 지구에서의 중력은 지구가 물체를 잡아당기는 힘입니다. 이 힘 때문에 위로 던진 물체는 반드시 땅으로 떨어지게 되어 있죠. 이때 사람이 얼마나 높이 뛰어오르냐는, 뛰어오르는 속력과 지구의 중력가속도에 의존합니다. 물론 빠르게 뛰어오르면 더 높이 올라갈 수 있지요. 그런데 같은 속력으로 뛰어올라도 지구에서와 달에서는 올라갈 수 있는 최고 높이가 다릅니다.

달에서 더 높이 올라가겠군요.

그렇습니다. 달이 물체를 잡아당기는 힘(달의 중력)은 지구 중력의 6분의 1이고, 사람이 뛰어오를 수 있는 최고 높이는 중력에 반비례합니다. 그러니까 달에서는 지구에서보다 6배나 높이 올라갈 수 있습니다. 그러므로 달에서는 모든 층을 쉽게 뛰어올라갈 수 있습니다.

증인의 말처럼 달은 지구에 비해 중력이 작습니다. 그러므로 모든 사람들이 지구에서 보다는 더 높은 곳까지 뛰어오를 수 있습니다. 월대 건설은 지구에서의 설계도대로 달에 아파트를 지었고, 이로 인해 고점프 씨는 불필요한 2층까지의 계단 사용료를 지불해야 했습니다. 그러므로 원고 고점프 씨의 주장은 이유가 있다고 생각합니다.

판결합니다. 달의 작은 중력 때문에 지구에서보다는 사람들이 6배나 더 높은 곳까지 올라갈 수 있다는 점 인정됩니다. 따라서 달에는 달의 중력을 고려한 건축법이 있어야 하는데, 지구에서의 건축법을 달에서까지 똑같이 적용하여 아파트를 지은 월대 건설에 그 책임이 있다고 보입니다. 그러므로 피고인 월대 건실은 원고 고점프 씨에게 2층 계단 사용료를 되돌려 줄 것을 판결합니다.

재판 후 고점프 씨는 월대 건설로부터 1층과 2층의 분양가 차액을 환불 받았다. 그리고 정부에서는 달의 중력과 관계되는 달 건축법을 제정하였다. 새로운 달 건축법에 의해 달의 모든 건축물에서 계단이 사라졌다.

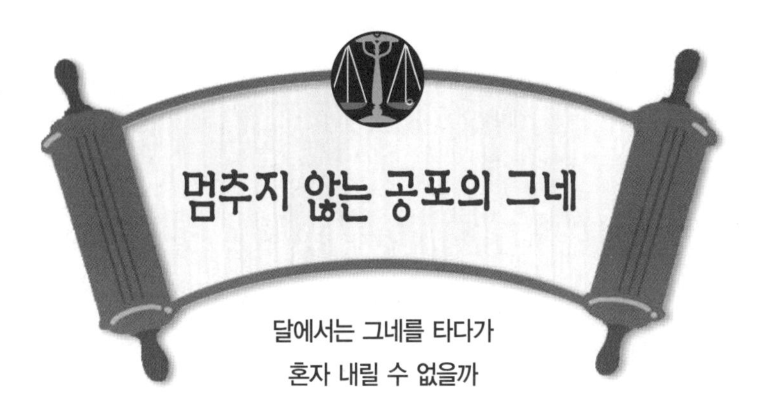

사건 속으로

과학공화국이 암스트롱 시티 건설을 완공한 뒤 많은 이주민들이 달에서 살게 되었다. 그리하여 암스트롱 시티 남쪽에 포크 민속 마을이 만들어졌다. 두 도시 사이에는 진공 터널이 만들어졌고, 사람들은 초고속 열차인 세일문을 타고 포크 민속 마을에 놀러 갔다.

포크 민속 마을은 공기가 없어 산소 통을 메고 다녀야 했다. 이 마을의 공원에는 가장 높은 그네가 있었는데, 그 높이가 무려 20미터나 되었다. 그 그네를 타 보기 위해 암스트롱 시티의 많은 연인들은 포크 민속 마을을 방문했다.
지구에서 그네 타기를 좋아했던 단진자 양은 서둘러 직장 일을 끝내고 세일문을 타고 포크 민속 마을에 갔다. 많은 사람들이 그네를 타기 위해 길게 줄을 서 있었다.
한참을 기다린 끝에 단진자 양은 맨 마지막으로 그네를 타게 되었다. 그때 그네 관리인인 민그네 씨가 말했다.
"죄송합니다. 시간이 다 되었습니다. 내일 다시 오세요."
"무슨 소리예요. 이걸 타려고 얼마나 기다렸는데요."
이렇게 두 사람 사이의 실랑이가 벌어졌다. 잠시 후 시계를 보던 민그네 씨가 말했다.
"좋아요. 저는 사무실에서 일을 봐야 하니 혼자 타고 가세요."
단진자 양은 기뻐했다. 꿈에 그리던 최고 높이의 그네를 드디어 타 보게 된 것이다. 단진자 양은 그네에 올라타서 발을 힘차게 굴렀다. 그네는 점점 높이 오르기 시작했다.
시간 가는 줄 모르고 그네를 타는 사이에 민속 마을에 밤이 왔다. 공원 관리인인 민그네 씨는 모든 사람들이 공원 밖으로 나갔다고 생각하고 공원 문을 닫았다.
오랜 시간 그네를 탄 단진자 양은 이제 그만 타고 싶어 발 구르는 걸 멈추고 그네가 저절로 멈출 때까지 기다렸다.
하지만 한 시간, 두 시간, 세 시간을 기다려도 그네의 높이는 낮아지지 않고 계속해서 같은 높이까지 올라갔다 내려오는

공기의 저항이 없는 달에서 마찰력이 없다면

그네의 진자 운동은 멈추지 않습니다.

일을 반복하였다. 결국 단진자 양은 그네를 타면서 밤을 지새야 했고, 다음 날 아침이 되어서야 영원히 멈추지 않을 것 같았던 그네에서 구출될 수 있었다.

밤새 그네에서 긴장한 탓에 병원에 입원한 단진자 양은, 그네의 관리를 소홀히 한 민그네 씨를 물리법정에 고소했다.

여기는 물리법정

공기가 없는 곳에서 밤새도록 그네를 탄 단진자 양이 몹시 화가 났군요. 왜 이런 일이 벌어졌는지 물리법정에서 알아봅시다.

피고 측 변론하세요.

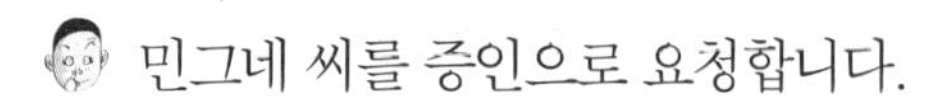
민그네 씨를 증인으로 요청합니다.

'포크' 라는 로고가 붙어 있는 작업복을 입은 30대 남자가 증인석에 앉았다.

증인은 그네를 관리하고 있죠?

그렇습니다.

단진자 양이 그네를 탈 때의 상황을 말씀해 주세요.

그네를 멈출 시간이 되어 저는 단진자 씨에게 다음 날 다시 와서 그네를 타라고 말했습니다. 그런데 그녀는 막무가

내로 꼭 타고 가겠다고 했지요. 저는 해야 할 일이 많아 그녀 혼자 타게 하고 사무실로 갔습니다. 그게 전부입니다.

증인이 말한 것처럼 이번 사고는 관리인이 없는데도 불구하고 막무가내로 그네를 탄 단진자 씨의 책임이지 민그네 씨의 책임은 아니라고 봅니다.

원고 측 변론하세요.

달에서의 그네 운동에 관한 논문을 쓴 월진 대학교 물리학과의 정월상 박사를 증인으로 요청합니다.

약간 꺼벙해 보이는 40대 초반의 남자가 증인석에 앉았다.

달에서 그네를 타면 무엇이 달라지나요?

암스트롱 시티는 실내 생활을 하는 도시이고, 인공적인 공기가 있기 때문에 사람들이 지구에서와 거의 비슷하게 숨을 쉬면서 생활합니다. 하지만 포크 민속 마을은 공기가 없어 산소 통을 메고 돌아다녀야 하는 곳입니다. 이런 곳에서 그네를 탈 때는 아주 조심해야 합니다.

무엇을 조심해야 하죠?

반드시 다른 사람이 있을 때 그네를 타야 합니다.

그 이유가 뭐죠?

그네가 저절로 멈추는 것은 공기의 저항 때문입니다.

그러니까 우리가 발을 구르지 않고 가만히 매달려 있으면 더 이상 에너지는 공급되지 않고 공기의 저항 때문에 에너지가 점점 줄어들어 높이가 낮아지다가 결국 그네가 멈추게 되죠. 하지만 포크 민속 마을은 공기가 없는 곳입니다. 그러니까 그네를 멈추게 할 공기 저항이 있을 수가 없죠. 공기 저항이란 공기와 물체가 충돌하는 것인데 공기가 없으니까요.

그럼 그네에서 뛰어내리면 되지 않습니까?

그네의 묘미는 높은 곳까지 올라갔다가 내려오면서 속도가 점점 빨라지는 데 있죠. 그러니까 그네가 가장 높이 올라갔을 때의 위치에너지가 가장 낮은 위치에 왔을 때는 모두 운동에너지로 변하게 되요. 그래서 그네는 가장 낮은 지점에서 속도가 제일 빨라지죠. 그러니까 그네가 가장 낮은 지점에 있을 때 뛰어내리려고 하면 너무 빨라서 위험하고, 속도가 0인 가장 높은 지점에서 뛰어내리려고 하면 그 높이 때문에 위험하죠. 그러니까 결국 어느 곳에서도 뛰어내리기가 힘들게 됩니다.

반드시 다른 사람이 잡아 주어야 멈출 수 있겠군요.

그렇습니다.

존경하는 재판장님. 공기가 없는 곳에서의 그네는 에너지를 잃어버리지 않아 처음 높이로 계속 되돌아오게 됩니다. 포크 민속 마을의 그네처럼 규모가 큰 그네의 경우, 증인이 얘기한 것처럼 그네로부터 단진자 씨가 뛰어내린다는 것은 목숨을 거는 위험한 일일 것입니다.

그러므로 이런 그네의 경우에는 관리인이 반드시 있어 그네를 멈춰 주어야 합니다. 그럼에도 불구하고 그네 관리인 민그네 씨는 자신의 책임을 소홀히 했습니다. 그러므로 본 변호사는 그네 관리인 민그네 씨에게 이번 사건의 책임이 있다고 생각합니다.

달은 원래 공기가 없는 곳입니다. 암스트롱 시티는 특별히 공기를 채워 넣어 사람들이 지구에서처럼 살 수 있도록 만든 실내 도시이지만, 포크 민속 마을은 암스트롱 시티 밖에 있어 공기가 없습니다.

지구에서 모든 물체의 운동은 멈추게 됩니다. 그것은 물체가 마찰력이나 공기 저항을 받아 물체의 에너지가 점점 줄어들기 때문입니다.

하지만 공기가 없는 달에서 마찰이 없다면 물체는 영원한 운동을 할 것입니다. 이런 점에서 달에서 그네의 진자 운동은 멈추지 않을 것이라는 사실은 그네 관리인이 기본적으로 알고 있어야 할 물리 상식이라고 판단됩니다. 그러므로 이번 사건에 대해 그네 관리인 민그네 씨는 단진자 씨가 입은 정신적 · 육체적 피해에 대해 배상할 의무가 있다고 판결합니다.

재판이 끝난 후 민그네 씨는 매일 단진자 양이 입원한 병원에 갔다. 이런 인연으로 매일 같이 지내게 된 두 사람 사이에는 어느 순간 사랑이 싹트게 되었다. 그리고 그들은 결혼식을 포크 민속 마을의 공원에서 치렀다. 결혼식이 끝난 후 두 사람은 그네에 함께 올라탔다. 한참 후 민그네 씨는 사람들에게 내려 달라고 부탁했고, 그의 친구들이 그네를 붙잡아 주었다. 이렇게 두 사람은 달에서의 아름다운 사랑을 나누었다.

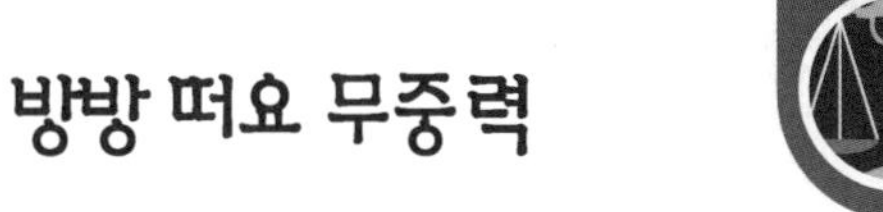

방방 떠요 무중력

우주 비행사들이 로켓 안에서 둥둥 떠다니는 모습을 본 적이 있지요? 왜 이렇게 떠 있을까요? 그것은 바로 중력이 없기 때문이에요.

우주에서는 중력을 거의 느낄 수 없습니다.
그래서 지구에서 멀리 떨어진 로켓 안에서는 둥둥 떠다닐 수 있지요.

지구에서 사과가 땅으로 떨어지는 것은 지구가 사과를 잡아당기는 힘 때문입니다. 이 힘을 사과와 지구 사이의 만유인력 또는 지구의 중력이라고 부르죠.

● 무중력 공간에서 벌어지는 신기한 일들

이렇게 중력이 없는 공간을 무중력 공간이라고 부르죠. 이제 무중력 공간에서는 어떤 신기한 일들이 벌어지는지 좀 더 알아볼까요?

무중력 공간에서는 우유를 컵에 따라 마실 수가 없어요. 우유를 컵에 따르려고 해도 컵 속으로 떨어지지 않거든요. 하지만 무중력 공간에서도 우유를 마실 수 있는 방법이 있어요. 중력이 아닌 다른 힘을 이용하면 되지요. 우유를 입 근처에 가까이 대고 막대로 우유를 튕겨 주세요. 그러면 그 힘 때문에 우유가 입 안으로 들어가지요. 하지만 조심하세요. 우유가 다른 곳으로 날아갈 수도 있거든요.

또 하나 신기한 것을 알려 드리죠. 무중력 공간에서 아이스크림을 손에 들고 있어 보세요. 지구에서는 아이스크림이 녹으면

물이 되어 바닥에 뚝뚝 떨어지지요? 무중력 공간에서는 물이 바닥에 떨어지지 않아요. 물을 떨어지게 하는 중력이 없으니까요. 그래서 아이스크림이 녹은 물이 아이스크림 주위에 달라붙어 커다란 물풍선 모양이 됩니다.

무중력 공간인 우주선 안에서는 바닥에 누워 잘 수가 없기 때문에 바닥이라는 표현을 사용하지 않아요. 그럼 우주 비행사들은 어떻게 잠을 잘까요? 우주 비행사들은 벽에 붙어 있는 장치에 몸을 고정시켜 잠을 자게 됩니다. 그러니까 우주선 안에 방이 있다면 6개의 벽에 사람이 모두 잘 수 있으니까 공간을 훨씬 더 효율적으로 이용할 수 있습니다.

제2장

SPF 지수 높은 게 좋을까 낮은 게 좋을까

빛을 모으는 오목거울_울트라 파워 광선 슛

거울로 빛을 모아 상대 팀 공격수의 슛을 방해했다면 죄가 될까

보이지 않는 빛 자외선_화끈화끈, 내 얼굴 물어내

선크림만 바르면 하루 종일 자외선이 차단될까

유리와 가시광선의 투과_사고를 부른 검정 유리

선팅 유리 때문에 교통신호를 위반했다면 누구의 책임일까

울트라 파워 광선 슛

거울로 빛을 모아 상대 팀 공격수의
슛을 방해했다면 죄가 될까

사건 속으로

과학공화국과 공업공화국의 월드컵 예선 최종전이 벌어졌다. 과학공화국에는 세계적인 골게터 발로만 선수가 있어 과학공화국의 승리가 예상되었다.

경기장인 사이언스 시티 돔에는 양 팀을 응원하러 온 서포터즈들로 만원을 이루었다. 과학공화국에는 '붉은사이' 라는 서포터즈가 있고, 공업공화국에는 '테크서포' 라는 서포터즈가 있는데, 홈 팬인 붉은사이가 압도적으로 많았다.

드디어 심판의 휘슬이 울리고 경기가 시작되었다. 선공을 한 과학공화국의 패스김 선수가 자기 편 진영으로 공을 패스했고, 그 사이 발로만 선수는 맹렬한 속도로 상대편 진영에 뛰어 들어갔다. 패스김 선수의 패스를 받은 과학공화국의 똥볼로 선수가 발로만 씨를 보고 공을 길게 차 주었다. 공을 받은 발로만 씨는 화려한 발 기술로 상대편 수비수를 제치고 골키퍼와 일대일 상황이 되었다.
발로만 선수는 킥이 정교해서 골키퍼와 일대일 상황에서 한 번도 노골을 한 적이 없었다. 그런데 갑자기 발로만 선수가 손으로 두 눈을 잡고 고통스러워했다. 그 사이 공은 공업공화국의 선수가 가로챘다.
과학공화국의 다른 선수들이 머뭇거리는 사이, 공업공화국의 테크킥 선수의 중거리 슛이 골대 안으로 들어가 공업공화국이 1:0으로 앞서기 시작했다.
하프타임 때 눈조아 감독이 발로만 선수에게 물었다.
"발로만, 아까 왜 공을 못 찼어?"
"공을 차려는데 눈이 갑자기 부셔서 아무것도 볼 수가 없었어요."
뭔가 이상한 낌새를 느낀 눈조아 감독은 후반전이 시작되자 공업공화국의 서포터즈 쪽을 유심히 쳐다보았다. 후반 10분, 다시 발로만 선수가 수비수 3명을 제치고 슛을 하려는 순간, 전반전과 똑같은 상황이 벌어졌다.

오목거울은 빛을 모으는 성질이 있습니다.
이때의 빛의 세기는 나무를 태울 수도 있어요.

눈조아 감독은 공업공화국 서포터즈 쪽을 쳐다보았다. 관중 가운데 두 명이 커다란 거울을 통해 빛을 모아 발로만 선수의 눈에 광선을 보내고 있는 모습이 보였다.

눈조아 감독은 줌이 장착된 카메라로 그들을 촬영했다. 경기는 공업공화국의 1:0 승리로 끝났다. 경기 후 과학공화국 눈조아 감독은 공업공화국 서포터즈가 거울을 이용해 발로만 선수가 슛을 할 때 눈이 부시게 했다며 증거 사진과 함께 공업공화국의 서포터즈를 물리법정에 고소했다.

여기는 물리법정

오목거울로 빛을 모아 발로만 선수의 눈에 비춰 슛을 방해한 공업공화국의 서포터즈는 어떤 죄를 지었을까요? 물리법정에서 알아봅시다.

피고 측 변론하세요.

거울을 이용한 빛의 반사 때문에 눈이 부셔서 골을 넣지 못했다고 주장하는 원고 측 주장은 이치에 맞지 않습니다. 그 정도의 빛의 반사가 경기에 영향을 준다면 관중들의 거울을 모두 압수해야 하는 것 아닙니까? 게다가 여자 관중들의 경우 거의 대부분 핸드백에 거울을 넣고 다닙니다. 그럼 경기 도중에 거울을 보면서 화장을 고치는 여자 관중들은 모두 고소되어야 합니까?

원고 측 변론하세요.

피고 측 변호사는 거울에 어떤 종류가 있는지도 모르는 것 같습니다. 거울의 물리학에 대해 얘기해 줄 오거울 박사를 증인으로 요청합니다.

손거울을 들고 화장을 고치는 짧은 스커트 차림에 배꼽티를 입은 몸짱 여인이 증인석에 앉았다.

거울에는 여러 가지 종류가 있다고 들었는데 어떤 거울들이 있습니까?

거울은 그 면의 모습에 따라 평면거울, 볼록거울, 오목거울로 나뉩니다. 우리가 흔히 사용하는 거울은 면이 평평한 평면거울이죠.

이번 사건에 사용된 거울은 어떤 거울입니까?

오목거울입니다.

서포터즈가 사용한 거울이 오목거울이라는 것이 이번 사건과 관계있습니까?

물론입니다.

거울 면이 볼록하게 튀어나온 볼록거울에 빛이 비치면 빛은 더 퍼지는 성질이 있습니다. 그러니까 볼록거울에 의해서 반사된 빛은 강하게 한곳에 모이지 않습니다.

그럼 오목거울은 어떻습니까?

오목거울에 비친 모든 빛들은 한곳에서 모이게 됩니다. 그러니까 그 한 지점의 빛의 세기가 매우 강해지죠. 이렇게 한 지점에 모인 빛은 나무를 태울 수 있을 정도로 강합니다.

사람의 눈에 그 빛이 비치면 매우 위험하겠군요.

물론이죠. 실명할 수도 있습니다.

존경하는 재판장님. 공업공화국은 승부에 눈이 먼 나머지 과학공화국의 골게터 발로만 선수가 공을 차려는 순간, 오목거울을 이용하여 빛을 모으고, 그 빛을 발로만 선수의 눈에 비치게 하여 슛을 방해하였습니다. 이것은 슛을 막은 것뿐만 아니라 발로만 선수의 눈을 멀게 할 수도 있었다는 점을 생각할 때, 공업공화국 서포터즈는 중대한 범죄를 저질렀다고 생각합니다.

판결합니다. 오목거울에 반사된 빛이 한곳에 모여 강해질 수 있다는 점 인정합니다. 이렇게 강해진 빛이 인간의 눈을 실명시킬 수도 있습니다. 그러므로 공업공화국 서포터즈는 발로만 선수에게 빛을 이용한 폭력을 행사하려 한 점이 인정됩니다. 그러므로 공업공화국의 서포터즈인 테크서포를 해체하고, 이번 예선 최종 경기의 승자는 과학공화국으로 인정합니다.

재판 후 공업공화국의 서포터즈는 해체되었고, 공업공화국의 반칙으로 월드컵 본선에 오른 과학공화국은 발로만 선수의 화려한 발 기술 덕분에 우승을 차지했다.

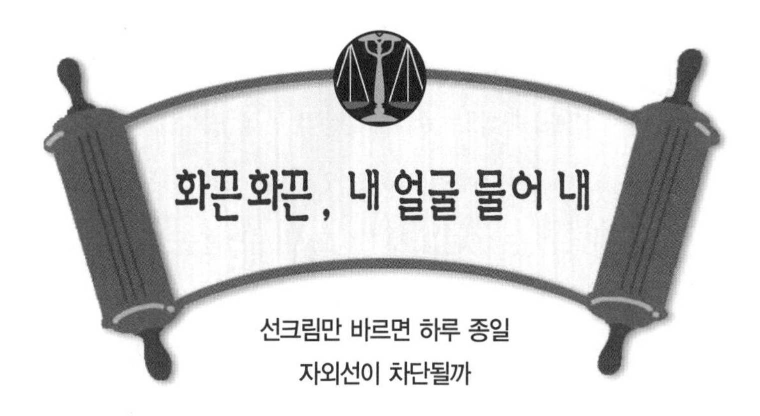

선크림만 바르면 하루 종일
자외선이 차단될까

사건 속으로

전깜시 군은 과학공화국 남쪽의 작은 도시인 펄 시티에 있는 펄 대학 물리학과 학생이다. 그는 다른 학생들에 비해 유난히 검은 피부를 가지고 있었는데, 그것이 유일한 콤플렉스였다. 하지만 그는 피부 관리를 비교적 잘 하고 위트와 유머가 뛰어나 많은 여학생들로부터 인기가 있었다.

그는 여름방학을 맞아 여자 친구와 함께 가까운 유브이 해수욕장에 놀러 가기로 하였다. 유브이 해수욕장은, 작지만 아름다운 곳으로, 많은 젊은이들이 서핑과 선탠을 즐기는 곳이었다.

드디어 해수욕장에 가기로 한 날, 전깜시 군은 마음이 들떠 밤새 잠도 제대로 못 자고 일찍 눈을 떴다. TV를 켰더니 마침 오늘의 일기예보를 하고 있었다. 날씨는 무덥고 화창하지만 자외선 수치가 높으니 반드시 선크림을 바르고 외출하라는 기상 캐스터의 말이 있었다.

전깜시 군은 검지만 고운 자신의 피부를 보호하기 위해 비교적 값싼 화장품을 많이 파는 동네 화장품 가게에 갔다.

"아줌마 선크림 주세요."

"깜시 총각 뭐 좋은 일 있나 보네."

"오늘 여자 친구랑 해수욕장에 가요."

"그럼 이걸 사용해 봐."

전깜시 군은 선크림을 사서 얼굴과 몸에 발랐다. 그리고 그는 여자 친구와 하루 종일 해수욕장에서 즐거운 시간을 보냈다. 다음 날 아침, 전깜시 군은 거울에 비친 자신의 얼굴을 보자 소스라치게 놀랐다. 얼굴 여기저기가 강한 자외선 때문에 화상을 입은 것이다.

전깜시 군은 모두가 동네 화장품 가게에서 불량 선크림을 팔았기 때문이라며 화장품 가게 주인 안화장 씨를 물리법정에 고소했다.

SPF 지수가 낮을수록 자외선을
차단해 주는 시간은 짧습니다.

여기는 물리법정 SPF 지수가 무엇을 의미하나요? 자외선이 무엇이길래 사람의 피부를 태울 수 있을까요. 물리법정에서 알아봅시다.

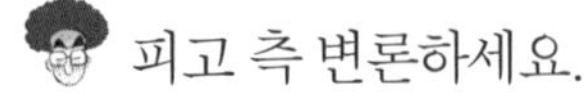

피고 측 변론하세요.

선크림은 햇빛의 자외선을 차단하는 역할을 합니다. 그러므로 대부분의 제품은 거의 비슷한 기능이 있는 것으로 알고 있습니다. 따라서 이번 사건의 경우 전깜시 군의 피부가 단지 예민하기 때문에 발생한 사건이지 선크림이 자외선을 막지 못해 일어난 사건은 아니라고 생각합니다. 그러므로 선크림을 판매한 안화장 씨는 책임이 없다고 생각합니다.

원고 측 변론하세요.

제가 판사님께 드린 그 선크림은 전깜시 군이 사용하여 문제가 된 제품입니다. 판사님, 선크림에 SPF라고 쓴 부분에 어떤 숫자가 써 있습니까?

SPF 10이라고 써 있네요.

고맙습니다. 그럼 여기서 자외선이란 어떤 것인가를 조사하기 위해 유브이 연구소의 김자외 씨를 증인으로 요청합니다.

뽀얀 피부의 김자외 씨가 증인석에 앉았다.

우선 자외선이 어떤 것인지 알기 쉽게 설명해 주십시오.

빛은 파동입니다. 그런데 그 파장에 따라 다른 색깔로 보이게 됩니다. 파장이 긴 빛은 빨간빛이 되고 파장이 짧아지면 보랏빛에 가까워집니다.

보랏빛보다 파장이 짧아지면 어떻게 되죠?

그때는 우리 눈에 보이지 않는 빛이 되는데 그걸 자외선이라고 부릅니다.

특별히 자외선이 피부에 안 좋은 이유가 있습니까?

파동은 파장이 짧을수록 에너지가 커집니다. 그러니까 빨간빛보다는 노랑빛이, 노랑빛보다는 보랏빛이 에너지가 더 크죠. 즉 우리 눈에 보이는 빛 중 가장 에너지가 큰 빛은 바로 보랏빛입니다. 때문에 눈에 보이지 않는 자외선은 보랏빛보다도 파장이 짧으므로 에너지가 아주 큰 빛입니다.

에너지가 큰 것이 피부에 안 좋은 이유가 있습니까?

물론입니다. 에너지가 큰 자외선을 피부에 많이 쪼이면 피부를 태우게 되죠. 그리고 심하면 화상을 입기도 합니다. 더욱 심해지면 피부암이 생길 수도 있어요.

무시무시하군요.

그러니까 햇빛에서 나오는 자외선의 양이 많을 때는 자외선에 의한 피부의 피해가 많으니까 특별히 조심해야 합니다. 그래서 일기예보에서는 이런 날 자외선 경보를 내리고 장시간 외출을 조심하라고 하는 것입니다.

선크림을 바르면 자외선을 막을 수 있는 것 아닌가요?

물론 선크림은 자외선으로부터 피부를 보호하기 위해 발명된 것입니다. 하지만 에너지가 큰 자외선에 선크림은 계속 공격을 당하게 되고, 그렇게 되면 선크림을 바른 부분이 모두 사라져 피부가 자외선에 노출됩니다.

그럼 시간마다 선크림을 계속 발라 주어야 하는군요.

물론 그 방법이 제일 좋습니다. 하지만 자외선에 노출되는 시간에 맞는 선크림을 사용하면 됩니다. 선크림에 써 있는 SPF는 Sun Protecting Factor의 약자로, 이 숫자 1은 자외선을 15분 동안 차단할 수 있다는 것을 말합니다. 그러니까 SPF 10인 선크림을 바르면 150분 동안 자외선을 차단할 수 있다는 뜻이죠.

전깜시 군은 해수욕장에서 자외선을 차단할 수 있는 선크림을 원했습니다. 보통 해수욕장에서는 하루 종일 바다에 있으므로 자외선에 8시간 정도 노출됩니다.

그런데 안화장 씨는 자외선을 2시간 반 정도만 차단할 수 있는 SPF 10짜리 선크림을 권해 주었습니다. 이때 안화장 씨가 이 선크림은 자외선을 2시간 반만 차단해 주니 그 시간 이후에는 다시 바르라는 얘기를 해 주었다면 전깜시 군의 이번 사고는 막을 수 있었습니다. 또한 안화장 씨의 가게에는 자외선을 8시간 이상 차단할 수 있는 SPF 35짜리 선크림도 있었습니다. 이런 선크림을 권해 주었다면 역시 이번 사고는 없었을 것입니다. 그러므로 이번 사고의 모든 책임은 화장품 가게의 주인인 안화장 씨에게 있다고 생각합니다.

판결합니다. 자외선이 피부의 노화를 촉진하고, 기미 주근깨의 원인이며, 심하게 자외선에 노출되면 화상을 입을 수 있다는 점 인정합니다. 그러므로 자외선 차단제인 선크림을 판매하는 화장품 가게의 주인은 자외선 차단 정도를 손님에게 알려 줄 의무가 있습니다.

그럼에도 불구하고 전깜시 군에게 장시간의 해수욕에는 맞지 않는 선크림을 권해 주고, 그 주의사항을 알려 주지 않은 점은 명백히 안화장 씨의 잘못이라고 생각합니다. 그러므로 전깜시 군의 화상 치료에 대한 비용을 안화장 씨가 부담할 것을 판결합니다.

재판 후 안화장 씨는 전깜시 군의 화상 치료를 위해 정성을 다했다. 몇 달 후 전깜시 군의 피부는 아름답고 건강해 보이는 피부가 되어 많은 여자들의 선망의 대상이 되었다.

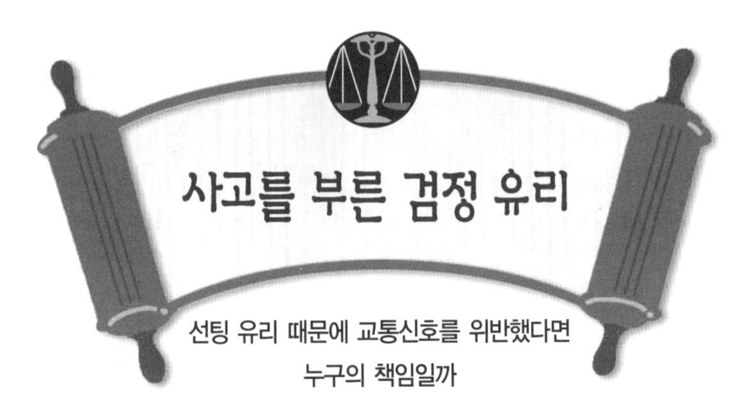

사건 속으로

최근 과학공화국 사이언스 시티의 차가 너무 많아져서 교차로에서 교통사고가 빈번했다. 여러 가지 원인이 있었지만 그 중에서도 가장 큰 위험은 교차로에서 신호가 바뀌었는데도 앞차의 꼬리를 물고 가다가 다른 쪽에서 진행하는 차와의 충돌 사고였다.

사이언스 시티는 이 문제를 해결하기 위해 교차로에서 신호가 바뀐 후에 진행하는 차들에 대해 집중 단속을 하기로 했다. 한 번 걸릴 경우 벌금이 컸기 때문에 많은 운전자들이 다른 때보다 신호 대기 때 긴장을 하면서 신호등을 주의 깊게 지켜보았다.
조심성이 많은 한조심 군은 새로운 교통법규에 따라 신호를 유심히 살폈다. 그는 노란 불만 보이면 교차로에서 멈추는 것이 몸에 밴 사람이었다.
어느 날 한조심 군은 자신의 소형 승용차를 타고 드라이브를 하다가 차가 가장 많이 밀리는 시청 앞 교차로에서 신호를 기다리게 되었다. 그런데 앞에는 자신의 차체보다 높은 승합차가 온통 유리창이 검게 선팅되어 있었다. 게다가 신호등이 낮게 걸려 있는 바람에 한조심 군은 신호등을 볼 수 없었다.
한조심 군은 앞차가 교차로를 지나갈 때 따라서 지나가려 했다. 잠시 후 신호가 바뀌어 파란 불이 들어오자 앞차가 교차로를 지나갔다. 순간 앞차를 따라간 한조심 군은 앞차가 노란 불로 바뀌었을 때 교차로를 지나간 걸 그제야 알게 되었다.
하지만 이미 한조심 군은 노란 불일 때 교차로를 지나간 마지막 차가 되었고, 마침 반대쪽에 서 있던 교통경찰에게 단속되어 벌금을 물게 되었다.
이에 화가 난 한조심 군은 앞을 전혀 볼 수 없게 한 앞차의 선팅 유리 때문에 신호위반을 했다며 선팅을 진하게 한 승합차의 기사를 물리법정에 고소했다.

선팅은 우리 눈에 보이는 가시광선의 투과율을 낮추기 때문에
너무 짙은 선팅은 사고의 원인이 될 수도 있습니다.

여기는 물리법정 선팅 유리 때문에 가시광선의 투과율이 낮아지면 안이 안 보이게 되는군요. 그 원리를 물리법정에서 알아보세요.

물리짱 판사

물치 변호사

피즈 검사

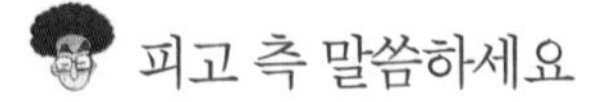
피고 측 말씀하세요

자동차는 이제 과학공화국에서는 없어서는 안 될 생활 필수품이 되었습니다. 그리고 최근 과학공화국 사람들은 자동차 속에서 음악을 듣거나 휴식을 즐기는 일이 많아졌습니다. 그런 의미에서 볼 때 자동차는 제2의 집이라고 할 수 있습니다. 따라서 자동차 안에 탄 사람들의 사생활이 보호되어야 하고, 그러기 위해 가장 좋은 방법이 자동차 유리에 선팅을 하여 밖에서는 안을 볼 수 없도록 하는 것입니다. 그런 면에서 볼 때 원고인 한조심 씨의 주장은 근거가 부족하다는 것이 본 변호사의 생각입니다.

원고 측 변론하세요.

선팅 유리 연구소의 안선팅 씨를 증인으로 요청합니다.

선글라스를 낀 증인이 등장했다.

우선 선팅이 뭔가에 대해 말씀해 주십시오.

선팅이란 유리에 색이 있는 필름을 덮어 가시광선의 투과율을 낮추는 것입니다.

조금 어렵군요. 좀 더 알기 쉽게 설명해 주세요.

우선 가시광선이란 우린 눈에 보이는 빛을 말하죠. 그러니까 빨주노초파남보의 빛이라고 생각하면 됩니다. 유리는 가시광선이 거의 반사되지 않고 유리 속으로 지나가는데 그것을 투과라고 합니다.

물론 이상적인 유리는 투과율이 100%이겠지만 그런 유리는 만들 수 없어요. 우리가 흔히 사용하는 유리의 투과율은 90% 이상이죠.

그러면 왜 유리를 통해 안에 있는 사람이 보이는 거죠?

우리가 어떤 물체를 본다는 것은 물체에서 반사된 빛이 우리 눈으로 들어오는 것을 말합니다. 유리는 투과율이 높아서 빛이 유리를 통해 거의 그대로 진행되지요. 그 빛이 유리 안에 있는 물체에 반사되어 다시 유리를 투과해 우리 눈으로 들어오기 때문에 유리 안의 물체를 볼 수 있는 것입니다.

선팅을 한 유리창 속이 잘 안 보이는 이유는 뭔가요?

선팅이란 유리창에 투과율을 낮추는 선팅 필름을 입히는 것입니다. 보통 선팅을 하면 투과율이 70% 정도로 떨어지게 되죠. 그러니까 선팅을 하지 않았을 때에 비해 유리창 안의 사물이 선명하게 보이지 않게 되지요.

하지만 이 정도의 선팅 유리라면 뒤차가 앞에 차가 얼마나 많이 밀려 있는지를 확인할 수 있습니다. 물론 차가 밀려 있을 때 신호등에 어느 불이 켜졌는가도 확인할 수 있지요.

그럼 뭐가 문제죠?

선팅을 너무 진하게 하는 경우이죠.

진하게 한다는 게 무슨 뜻이죠?

그러니까 투과율을 너무 낮추는 필름을 입혀, 선팅 유리의 투과율이 30% 정도가 되게 하면 유리창 안이 전혀 보이지 않게 되죠.

70% 투과율로 선팅하면 보이는데 30% 투과율이 되면 하나도 안 보인다는 게 좀 이해가 되지 않는군요. 30%만 투과가 되도 안이 희미하게나마 보이는 거 아닌가요?

투과율은 두 번 적용됩니다.

무슨 말씀이죠?

30%의 투과율이란, 빛 알갱이 10개 중 3개만이 유리창 안으로 들어간다는 걸 말하죠.

그렇게 들어간 빛 알갱이가 사물에 반사되어 다시 유리창을 통해 나올 때 다시 30%의 투과율로 나오게 되거든요. 그럼 대략 3개의 빛 알갱이 중에서 한 개 이하의 빛 알갱이가 유리창 밖으로 나오게 되지요. 하지만 이런 비율로 튀어나오는 빛 알갱이로는 우리의 눈이 사물을 인식할 수 없어요. 그래서 유리창 속에 사물이 보이지 않게 되는 거죠.

피고 측 변호사의 변론처럼 자동차가 제2의 집이라는

점을 인정한다 해도 자동차는 움직이는 집입니다. 움직이지 않는 집의 경우도 앞에 고층 건물이 들어서서 하루 종일 햇빛을 가리게 되면 일조권 문제로 시비가 생깁니다. 마찬가지로, 도로에는 자신의 자동차 한 대만이 아니라, 수많은 자동차들이 질서를 지키면서 움직이게 됩니다.

그러므로 자신의 차의 내부를 볼 수 없게 한다는 명목으로 선팅의 투과율을 낮게 하여 다른 차로 하여금 교통 상황을 알 수 없게 하는 행위는 전체 질서를 위해 막아야 한다는 것이 본 변호사의 생각입니다.

최근 자동차가 많이 늘어나서 교통사고가 증가하는 추세입니다. 좋지 않은 운전 습관과 자동차를 불법 개조하여 다른 차의 운전을 방해를 하는 일들이 그 원인입니다. 물론 자신의 집 안방을 다른 사람들이 볼 수 없도록 설계하는 것은 사생활 보호 차원에서 당연하다 할 것입니다. 하지만 같은 기준을 자동차에까지 적용할 수는 없습니다.

원고 측 변호사의 말처럼 자동차는 움직이는 물체이고, 그 차의 내부가 전혀 보이지 않음으로 인해 다른 차들이 안전 운전을 하는 데 방해가 될 수 있기 때문입니다.

선팅은 내부를 보호하는 기능과 햇빛에 의해 내부 온도가 올라가는 것을 막는 기능을 가지고 있습니다. 그러므로 선팅 그 자체를 물리법정에서 금지할 수는 없지만 물리학적으로 내부를 볼 수 있는 수준인 투과율 70% 이상을 유지하도록 법으로 규제할 것을 판결합니다.

재판 후 과학공화국은 선팅 유리의 투과율이 최소한 70% 이상이 되어야 한다는 투과법을 시행하였다. 이 법이 시행된 후부터 어두컴컴한 유리창의 차들은 사이언스 시티에서 단 한 대도 발견할 수 없었다.

꺾어져요! 빛돌이

빛은 공기에서 물속으로 들어갈 때 꺾입니다. 이것을 빛의 굴절 현상이라고 부릅니다. 그럼 빛의 굴절 현상을 어디에서 볼 수 있는지 알아봅시다.

물 컵에 젓가락을 넣어 보세요. 물 밖에 있는 젓가락 부분과 물속에 있는 젓가락 부분이 꺾여 보일 거예요. 이것은 물속으로 들어간 빛이 젓가락에 반사되어 물 밖으로 나올 때 굴절되기 때문이지요.

또 다른 예를 찾아봅시다. 친구들과 공중목욕탕에 가 본 적이 있지요. 물속에 앉아 있는 친구들의 다리가 짧아 보이지 않던가요? 하지만 진짜로 다리가 짧아진 것은 아니니까 걱정할 필요는 없어요.

아프리카 원주민들은 창으로 물고기를 사냥합니다. 그런데 원주민들은 물고기를 잘 못 잡는다고 하지요. 왜냐고요? 원주민들의 눈에 보이는 물고기는 사실 진짜 물고기가 아니라 빛이 굴절되어 만든 이미지예요. 그러니까 실제 물고기는 보이는 위치보다 더 깊은 곳에 있기 때문이에요.

얕은 물의 물고기도 왜 쉽게 잡히지 않는 걸까요?
빛이 물속으로 들어갈 때 굴절하기 때문에 착시 현상이 생겨서예요.

● 신기한 신기루 현상

빛의 굴절 때문에 조심해야 할 일이 있어요. 여러분이 계곡에서 물놀이를 할 때 물속 자갈돌이 가까이 있는 것으로 보여 수심이 얕을 거라고 생각하면 안 돼요. 물속에 있는 자갈돌은 실제 깊이보다 수면에 더 가까이 있는 것처럼 보이거든요. 그러니까 여러분이 보는 자갈돌은 가짜 이미지이고 실제로는 물이 더 깊답니다.

물과 공기 사이의 굴절 말고 공기 중에서도 온도가 다른 층으로 빛이 지나갈 때 굴절을 합니다. 그래서 생기는 신기한 현상이 바로 신기루예요.

사막에서는, 바닥은 뜨거운 공기층이고 그 위는 차가운 공기층이에요. 그런데 빛은 뜨거운 곳을 지날 때 더 빨라지니까 하늘에서 온 빛이 꺾이게 되지요. 그래서 바닥에 파란 물이 고여 있는 것처럼 보이지요. 이것을 신기루 현상이라고 하지요.

밤하늘의 별이 반짝이는 것처럼 보이는 이유도 별빛이 대기 중의 불안정한 공기층을 지날 때 굴절하기 때문이에요. 그래서 별을 관측하는 천문대는 아주 높은 산꼭대기에 위치하여 대기층을 통과하기 전에 굴절이 안 된 별빛을 관측한답니다.

제3장

진동수에 따라 소리가 다르게 들릴까

진동수를 가진 음파_어느 인기 그룹의 최후

달리는 기차 위에서 공연하면 낮은 음으로 들릴까

소리의 굴절과 온도_잠 못 이루는 밤

방음벽이 낮에는 소음을 막지 못하는 이유가 뭘까

소리의 공기 진동_사오정이 된 신부

폭죽을 귀 가까이에서 터뜨리면 죄가 될까

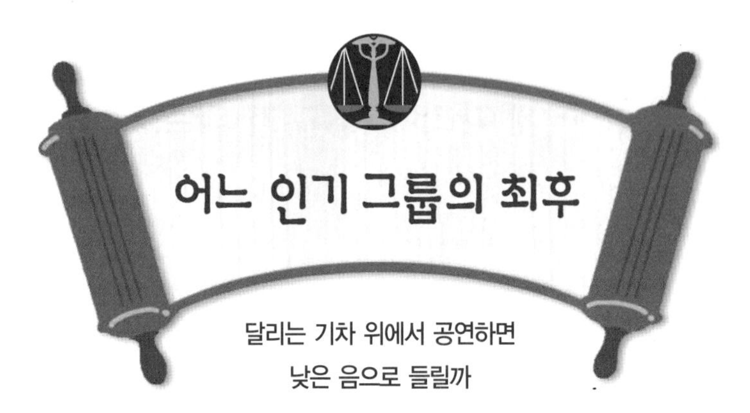

달리는 기차 위에서 공연하면
낮은 음으로 들릴까

사건 속으로

과학공화국에서는 최근 최고의 가창력을 자랑하는 록그룹 하이프리퀀시가 십대들의 우상으로 떠오르고 있었다. 5인조 메탈그룹인 하이프리퀀시는, 특히 보컬인 초고음 씨가 4옥타브 반의 음역을 소화할 정도로 고음 처리가 완벽하고 기타를 비롯한 다른 악기의 연주도 일품이었다.

하이프리퀀시는 아주 특별한 공연을 준비했는데, 과학공화국 최대 규모인 빅와이드 대평원에 기차 레일을 만들고, 기차를 전속력으로 달리게 한 후, 그 기차 위에서 연주하는 사상 최초의 공연이었다. 하이프리퀀시는 이 공연의 기획을 레일 뮤직 기획사에 맡겼다. 레일 뮤직 기획사는 기차가 빨리 달려 멀어지면 관객들에게 하이프리퀀시의 연주 소리가 잘 안 들릴 것을 감안해 대형 증폭기를 설치하기로 하였다.

드디어 공연 날. 하이프리퀀시의 수많은 팬들이 빅와이드 대평원에 벌떼처럼 모여들었다. 그들 앞에는 길고 곧게 뻗은 기찻길이 놓여 있었다.

잠시 후 천천히 다가오는 기차 위에서 하이프리퀀시의 모습이 나타났고 팬들은 일제히 환호하기 시작했다. 생전 처음 보는 공연을 중계하기 위해 수많은 방송국의 취재진들이 몰려들었다.

잠시 후 기차 위에서 하이프리퀀시는 팬들에게 인사를 했다. 기차가 매우 빠른 속도로 멀어지기 시작했다. 그들의 연주 소리는 대형 증폭기를 통해 기차가 멀어져도 관객들에게 들렸다. 그런데 하이프리퀀시의 노래는 실내에서 들었던 것과는 달리 음이 그리 높아 보이지 않았다. 관객들은 저마다 실망한 표정이었고, 방송사들은 하이프리퀀시의 라이브 실력에 의심이 간다는 기사를 방송에 내보냈다.

이 공연으로 팬의 수는 물론이고 음반 판매까지 줄어든 하이프리퀀시 측은 레일 뮤직 기획사를 물리법정에 고소했다.

소리가 다르게 들리는 것은 소리의 진동수 때문입니다.

이때 소리의 진동수가 작으면 낮은 음이 나옵니다.

여기는 물리법정 기차가 관객들로부터 멀어지면 초고음 씨의 목소리가 낮은 음으로 들릴까요? 물리법정에서 알아봅시다.

 피고 측 변론하세요.

노래에서 고음이란 높은 진동수를 갖습니다. 높은 진동수의 음파는 큰 에너지를 갖는데, 그러기 위해서 가수는 그런 진동수의 소리를 낼 수 있도록 훈련을 해야 합니다. 또한 가수의 목 상태에 따라 평소에는 낼 수 있었던 고음도 목 상태가 좋지 않은 날에는 잘 나오지 않는 경우도 있습니다. 그러므로 움직이는 기차 위에서 노래를 불렀다고 해서 소리의 진동수가 낮아진다는 원고 측 주장은 물리학적 근거가 없다고 생각합니다.

원고 측 변론하세요.

움직이면서 소리를 낼 때 소리가 어떻게 달라지는가에 대해 증언해 줄 도플러 연구소의 음변해 박사를 증인으로 요청합니다.

음변해 박사가 증인석에 앉았다.

움직이면서 내는 소리가 그렇지 않을 때와 다를 수 있나요?

물론입니다. 그것을 도플러 효과라고 하고 저희 연구소는 그것을 주로 연구하고 있습니다.

좀 더 자세히 설명해 주세요.

소리는 음파라고 부르는 파동입니다. 소리가 다르게 들리게 하는 것은 바로 소리의 진동수입니다. 물리학적으로 소리의 진동수가 작으면 낮은 음이 나오고 진동수가 커질수록 높은 음이 나옵니다.

그건 알고 있습니다. 그럼 소리의 진동수가 달라질 수 있습니까?

소리를 내는 장치가 소리를 듣는 사람으로부터 멀어지거나 가까워지면 소리의 진동수가 달라지는데, 이것을 도플러 효과라고 합니다.

어떻게 달라지죠?

듣는 사람으로부터 멀어지는 소리는 진동수가 작아지게 되죠. 그러니까 원래는 높은 음이지만 소리가 멀어질수록 보다 낮은 음으로 들리게 됩니다.

그럼 소리를 듣는 사람에게 가까워지면 소리의 진동수가 커져서 더 고음으로 들리겠군요.

네, 그렇습니다.

원고인 하이프리퀀시 그룹은 가창력으로 인기를 얻고 있는 그룹입니다. 이 그룹의 보컬 초고음 씨는 4옥타브 반을 넘나들 정도로 남들이 낼 수 없는 고음을 낼 수 있어 많은 팬을 가지고 있습니다. 그럼에도 불구하고 도플러 효과를 몰랐던 레일 기획에서는, 하이프리퀀시의 보컬이 노래를 부르면서 관객들로부터 아주 빠르게 멀어지게 하는 기획을 함으로써 소리의 진동수가 작아져 관객들에게 원래의 목소리보다 저음으로 들리게 하였습니다.
이로 인해 하이프리퀀시의 일부 팬들이 실망하여 이 그룹의 음반 판매 및 인기도에 치명적인 영향을 끼쳤으므로 레일 기획은 원고인 하이프리퀀시가 입은 손해를 배상해야 한다고 생각합니다.
판결합니다. 도플러 효과로 인해 팬들로부터 빠르게 멀어지면서 연주를 한 하이프리퀀시의 고음이, 팬들에게 보다 낮은 음으로 들렸을 거라는 점을 인정합니다.
팬들에게 기계적인 장치를 써서 고음 처리가 안 되는 가수의 목소리가 마치 고음 처리가 되는 것처럼 편집하는 일들이 빈번한 지금의 음악계에, 하이프리퀀시와 같이 한 세기에 한 번 나올까 말까 한 라이브 그룹은 우리 과학공화국의 자랑입니다.
라이브 그룹은 립싱크 그룹이 외모에 의해 평가되는 것과 달리, 높은 가창력으로 평가되는 점을 고려할 때 레일 기획의 이번 기획은 하이프리퀀시의 장점인 고음 부분을 저음처럼 들리게 했으므로 이 사건에 대해 원고인 하이프리퀀시의 주장은 당연하다고 생각합니다. 이에 레일 기획은 음악 방송을 통해, 관객으로부터 멀어지면 음이 낮아지는 실험을 한 달 동안 내보내고, 그 경비를 모두 레일 기획이 부담하도록 판결합니다.

재판 후 각 방송사의 저녁 뉴스 시간 전에는, 물체가 멀어지면서 소리를 내면 소리가 낮은 음으로 들리는 실험이 방송되었다. 자막에는 다음과 같은 글이 써 있었다.

하이프리퀀시는 과학공화국에서

가장 고음을 낼 수 있는 록그룹입니다.

잠못 이루는 밤

방음벽이 낮에는 소음을
막지 못하는 이유가 뭘까

사건 속으로

과학공화국 남부 해안에 있는 사일런트 마을은 평화로운 마을이었다. 밀려오는 파도 소리를 제외하고는 어떤 소음도 들리지 않는 조용한 마을이었다.

최근에 과학공화국과 사회공화국과의 무역이 활발해지면서 사일런트 마을의 해안에 배기지 포트라는 무역항이 생겼다. 그런데 배기지 포트를 통해 들어오는 화물을 수도인 사이언스 시티로 운송하기 위해 사일런트 마을을 관통하는 고속 국도가 만들어졌다. 이로 인해 사일런트 마을은 더 이상 조용한 마을이 아니라 소음 때문에 잠을 잘 수 없는 시끄러운 마을로 변해 버렸다.

이를 참다못한 사일런트 마을 주민들은 배기지 포트 측에 방음벽을 만들어 줄 것을 요구했다. 배기지 포트는 이를 수락했고 마을에는 방음벽이 세워졌다. 그런데 배기지 포트 측은 조금이라도 공사 비용을 아끼기 위해 다른 지역보다 높이를 낮춰 방음벽을 만들었다.

방음벽이 완공된 그날 밤, 방음벽이 도로에서 달리는 화물차들의 시끄러운 소리를 막아 주는 데에 충분한 것으로 여겨졌다. 그리하여 사일런트 마을 주민들은 다시 조용한 밤을 지낼 수 있었다.

그런데 그 다음 날 낮이 되자 상황은 달라졌다. 밤새 소음이 들리지 않다가 한낮이 되자 소음이 다시 심해져 마을 주민들은 도저히 낮잠을 잘 수가 없었다.

사일런트 마을 주민들은 이것이 방음벽을 부실시공했기 때문이라며 배기지 포트를 물리법정에 고소했다.

뜨거운 공기는 빨리 움직입니다.

때문에 뜨거운 곳에서 소리의 속도는 커집니다.

여기는 물리법정 밤에는 방음벽이 소리를 막아 주고 낮에는 못 막아 준다는 사일런트 마을 사람들의 주장은 과학적일까요? 물리법정에서 알아봅시다.

물리짱 판사

물치 변호사

피즈 검사

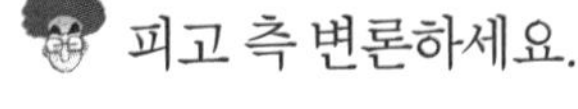
피고 측 변론하세요.

배기지 포트는 사일런트 마을 사람들을 위해 방음벽을 만들어 주었습니다. 그리고 마을 사람들은 방음벽에 만족해 했습니다. 그런데 밤에는 괜찮던 방음벽이 낮이 되었다고 해서 다시 시끄러워졌다는 주장은 말이 되지 않는다고 생각합니다.
아마도 마을 사람들이 담합하여 보상금을 받으려고 하는지 그 점이 의심스럽습니다.

이의 있습니다. 지금 피고 측 변호사는 본인의 상상으로 사일런트 마을 사람들의 명예를 실추시키고 있습니다.

인정합니다.

죄송합니다. 아무튼 밤에는 괜찮았던 방음벽에 대해 낮이 되어 다시 문제를 제기한다는 것은 본 변호사로서는 전혀 이해가 되지 않습니다.

원고 측 변론하세요.

이 사건은 소리와 온도가 관련이 있을 것이라고 생각합니다. 원고 측에서는 소리와 온도와의 관계에 대해 권위자인 열소리 박사를 증인으로 요청합니다.

열소리 박사가 증인석에 앉았다.

온도에 따라 소리가 전달되는 방식이 달라집니까?

물론입니다. 소리는 음파라는 파동으로, 파동의 성질인 반사의 성질과 굴절의 성질을 가지게 됩니다. 이번 문제는 소리의 굴절과 관계가 있습니다.

소리가 굴절한다는 것이 무슨 뜻이죠?

변호사님은 혹시 낮 말은 새가 듣고 밤 말은 쥐가 듣는다는 속담을 아십니까?

그걸 모르는 사람이 어딨습니까?

바로 그 속담과 관련이 있습니다.

점점 더 모를 얘기군요. 좀 알기 쉽게 설명해 주세요.

소리는 주위의 공기 분자들이 진동하여 옆으로 전해지는 것입니다. 그런 공기의 진동이 사람들의 고막을 진동시켜 소리를 듣게 되는 거죠. 그러다 보니 뜨거운 공기는 빨리 움직이니까 소리를 빨리 전달하게 되죠. 즉, 뜨거운 곳에서는 소리의 속도가 커집니다.

뜨거운 곳에서 소리의 속도가 빨라지는 것과 이번 사건과 무슨 관계가 있죠?

제가 너무 일반적인 얘기만 했군요. 그럼 이번 문제에 대해 얘기해 보겠습니다. 왜 밤에는 제 역할을 하던 방음벽이 낮에는 그 역할을 못 했는가 하는 문제죠?

바로 그겁니다. 그것에 대한 물리적인 설명이 이번 재판에서 제일 중요한 문제입니다.

간단히 말해서, 밤에는 소리가 아래로 굴절되기 때문에 방음벽에 소리가 부딪쳐 마을로 소리가 전해지지 않지만, 낮에는 소리가 위로 굴절되기 때문에 사일런트 마을의 낮은 방음벽의 위로 소리가 올라가 마을로 퍼져 나가게 되죠.

신기하군요. 왜 그런 일이 생기죠?

낮에는 도로의 바닥이 뜨겁게 달궈지죠. 그러니까 도로에 가까운 쪽의 공기는 따뜻한 공기가 되고, 도로에서 먼 위쪽에 있는 공기는 차가운 공기가 되죠. 그러므로 도로의 차에서 나온 소리가 따뜻한 공기에서는 빨리 전달되고, 차가운 위쪽에서는 느리게 전달이 됩니다. 그러니까 소리가 위쪽으로 꺾이게 됩니다.

그런데 왜 소리가 위로 굴절이 되는 거죠?

예를 들어, 두 사람이 팔짱을 끼고 똑바로 걸어간다고 해 보죠. 만일 두 사람이 걸음걸이가 같은 빠르기라면 두 사람은 그대로 똑바로 걸어가겠죠. 하지만 두 사람이 걷는 빠르기가 다르면 상황은 달라집니다. 가령, 왼쪽에 있는 사람은 천천히 가고 오른쪽에 있는 사람은 빨리 간다고 해 보죠. 그러면 이 두 사람은 왼쪽으로 꺾이게 됩니다. 그러니까 느리게 걷는 쪽으로 회전이 일어나는 거죠. 소리의 경우도 마찬가지입니다.
소리가 위쪽을 지나갈 때는 느리게 가고, 아래쪽을 지나갈 때는 빠르게 가니까 소리는 느린 쪽, 즉 위쪽으로 꺾이게 되는 겁니다. 그러니까 낮에는 소리가 위로 올라가고, 밤에는 반대로 위쪽이 더운 공기이고 아래쪽이 차가운 공기이니까 소리가 아래로 내려가죠.

이제 완전히 이해가 됩니다. 존경하는 재판장님. 소리는 공기의 진동을 통해서 전달되는 파동 현상입니다. 하지만 낮인 경우와 밤인 경우, 찬 공기층과 더운 공기층이 뒤바뀌게 되어 밤에는 아래로 진행되던 소리가 낮에는 위로 올라갑니다. 따라서 방음벽은 밤뿐만 아니라 낮에도 소리를 차단해야 하므로 가장 더운 날 낮에 위로 올라가는 소리를 차단할 수 있는 높이로 설계되어야 합니다.
그럼에도 불구하고 배기지 포트는 밤에만 소리를 차단할 수 있는 방음벽을 설치하였으므로 사일런트 마을 사람들은 낮에는 방음벽의 효과를 볼 수 없습니다. 그러므로 배기지 포트는 방음벽을 더 높게 쌓아야 한다는 것이 본 변호사의 주장입니다.

판결합니다. 온도의 차이에 의한 소리의 굴절 현상을 인정합니다. 또한 원고 측 변호사의 말처럼 현재의 방음벽이 낮에 굴절되어 위로 진행하는 소리를 차단할 수 없다는 점 역시 인정됩니다. 그러므로 배기지 포트는 현재의 방음벽을 좀 더 높게 건축할 것을 판결합니다.

재판 후 배기지 포트는 더 높은 방음벽을 지어 주었고, 다시 사일런트 마을 사람들은 조용한 낮과 밤을 지낼 수 있게 되었다.

폭죽을 귀 가까이에서 터뜨리면
죄가 될까

사건 속으로

전처녀 양은 20대 후반의 노처녀이다. 그녀는 친구 다섯 명과 함께 노처녀 클럽을 결성했는데, 그중 한 명인 남조아 양이 갑자기 노처녀 클럽을 탈퇴하게 되었다. 그것은 남조아 양에게 결혼할 남자가 생겼기 때문이다. 전처녀 양은 다른 클럽 회원들과 함께 남조아 양의 결혼식에 초대되었다.
그리 내키지는 않았지만 워낙 오랫동안 알고 지낸 친구라 전처녀 양은 남조아 양의 결혼식을 도와주기로 했다. 전처녀 양이 맡은 일은 신랑 신부가 퇴장할 때 사진을 찍는 것이었다.

드디어 남조아 양의 결혼식이 시작되었다. 지루한 주례가 끝나고 신랑 신부는 피아노 반주에 맞춰 퇴장을 하기 시작했다. 전처녀 양은 몰려든 사람들 사이를 비집고 들어가 신랑 신부를 가장 가까이에서 볼 수 있는 자리를 차지한 후 카메라 초점을 신랑 신부에게 맞추고 있었다.

이때 퍽 하는 소리와 함께 폭죽이 터졌다. 폭죽을 터뜨린 사람은 전처녀 양의 뒤쪽에서 폭죽을 담당하던 신랑 친구 난폭해 군이었다. 그런데 전처녀 양의 귀 바로 옆에서 폭죽을 잡아당긴 것이 화근이 되었다.

갑자기 터진 폭죽 소리에 전처녀 양은 기절했다. 병원에 입원한 전처녀 양은 고막 파열이라는 진단을 받아 더 이상 오른쪽 귀로는 소리를 들을 수 없게 되었다.

사람 바로 옆에서 폭죽을 터뜨려 놀라게 한 것과 고막의 손상으로 더 이상 소리를 못 듣게 된 것에 대해 전처녀 양과 그녀의 가족은 난폭해 군을 물리법정에 고소했다.

공기의 진동에 따라 우리는 소리를 듣게 됩니다.
그런데 너무 강한 압력으로 고막을 누르면 고막이 손상될 수 있습니다.

여기는 물리법정 귀 근처에서 폭죽이 터져 고막이 다칠 수 있을까요? 물리법정에서 알아봅시다.

피고 측 말씀하세요.

결혼식장에서 신랑 신부가 퇴장할 때 친구들이 폭죽을 터뜨리는 것은 흔한 일입니다. 결혼식뿐 아니라 친구들의 생일 파티에서도 폭죽은 아주 흔하게 사용됩니다. 그러므로 이번 사건에서 신랑의 친구인 난폭해 군이 신랑 신부가 퇴장하는 순간 그들을 향해 폭죽을 터뜨리는 행위는 절대로 죄가 될 수 없는 것입니다. 이번 사고는 전처녀 양의 귀가 다른 사람에 비해 폭죽 소리에 민감하게 반응하여 일어난 일이므로, 난폭해 군은 아무런 책임이 없다고 생각합니다.

원고 측 변론하세요.

폭죽의 위험성에 대해 연구 중인 폭죽 소리 연구소의 펑소리 박사를 증인으로 요청합니다.

펑소리 박사는 판사 앞으로 다가가 갑자기 폭죽을 터뜨렸다. 순간 겁에 질린 판사는 깜짝 놀라 자신의 귀를 만졌다.

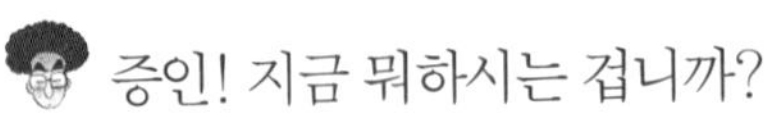
증인! 지금 뭐하시는 겁니까?

증언을 하기 전에 판사님께서 직접 가까이에서 들리는

폭죽 소리를 경험해 보시라고….

증인! 앞으로 그런 무례한 짓은 하지 마세요.

알겠습니다.

원고 측 질문하세요.

증인은 폭죽이 만드는 소리를 연구하고 있죠?

네.

폭죽이 귀 근처에서 터져 그 소리로 인해 귀가 멀 수도 있습니까?

확률은 작지만 그럴 수 있습니다.

어떤 원리죠?

소리는 공기를 매질로 갖는 음파라는 파동입니다.

매질이 뭐죠?

파동이란 어떤 장소에서 일어난 진동이 옆으로 퍼져 나가는 현상입니다.
이때 진동을 일으키는 물질을 그 파동에 대한 매질이라고 합니다. 호수에 돌을 던지면 파동이 생기죠? 그것은 물의 진동이 옆으로 퍼져 나가는 현상이죠.
그러니까 이 파동의 매질은 물이 됩니다. 마찬가지로 어느 한 지점에서 공기 분자들이 진동하면 그 진동이 옆으로 퍼져 나가는데, 그것이 바로 소리입니다.

그럼 어떻게 소리를 듣는 거죠?

소리는 다른 파동과는 달리 공기 분자가 진동하는 방향과 소리가 전달되는 방향이 나란한 파동입니다. 이런 파동을 종파라고 합니다. 이렇게 한곳의 공기의 진동이 옆으로 전달되면 공기 분자들이 많이 모인 곳과 적게 모인 곳이 교대로 나타나게 됩니다. 이런 주기적인 공기의 밀도 변화 때문에 귓속의 고막은 진동을 하게 되고, 여기에 붙어 있는 신경을 통해 소리를 느끼게 됩니다.

그렇다면 폭죽 소리가 특별히 귀에 영향을 주는 것은 아니지 않습니까?

그렇지 않죠. 고막 주위의 공기 분자가 많을 때는 고막에 가해지는 압력이 커져 고막이 눌려졌다가, 공기 분자가 적을 때는 고막을 누르는 압력이 작아져 고막이 다시 펴지죠. 그러니까 주위에 만들어진 공기의 밀도 변화에 따라 고막이 진동을 하면서 우리의 귀는 소리를 듣습니다.
그런데 만일 너무 강한 압력으로 고막을 누르게 되면, 고막이 원래의 모습으로 돌아오지 못하는 일이 생기겠죠? 마치 용수철을 너무 세게 잡아당기면 용수철이 원래의 모습대로 되돌아오지 않듯 말입니다. 이럴 경우 고막은 더 이상 정상적인 기능을 하지 못하게 되죠. 즉 고막이 파열되는 거죠.

그럼 소리를 못 듣게 되겠군요.

그렇습니다. 그러니까 폭죽이 터졌을 때처럼 사람의 귀

주변에서 공기가 너무 빠르게 진동하면 고막이 파열될 수 있지요.

폭죽이 축하 행사를 위해 필요하다는 점은 인정합니다. 그러니 폭죽은 그 소리를 듣는 사람이 예상할 수 있도록 터져야 하고, 사람들의 귀로부터 적당한 거리에서 터져야 합니다. 그러면 폭죽이 터진 곳의 공기의 진동이 거리가 멀어질수록 약해지므로 고막이 공기 밀도의 변화에 의한 진동을 견딜 수 있습니다.

그러나 난폭해 씨처럼 전처녀 양이 전혀 예측하지 못한 사이에, 귀 가까이에서 폭죽을 터뜨려서 전처녀 양의 고막이 파열되도록 한 것은 범죄가 될 수 있습니다. 따라서 난폭해 군은 전처녀 양이 입은 정신적 피해에 대해 보상할 의무가 있다는 것이 본 변호사의 주장입니다.

판결합니다. 결혼식에서 폭죽을 사용하는 것을 금지시킬 수는 없으나, 최근 들어 폭죽 소리가 너무 커짐으로 인해 폭죽으로부터 가까이 있는 사람들의 귀에 상처를 주는 일이 벌어지고 있습니다.

폭죽은 순간적으로 그곳의 공기의 움직임을 빠르게 진동시켜 그 진동이 옆으로 빠르게 퍼지게 하므로, 앞으로 모든 행사장에서 폭죽을 터뜨릴 때, 폭죽이 터지는 곳과 가장 가까이 있는 사람의 귀와의 최소 거리를 2미터로 정하겠습니다.

이 규정을 위반할 경우에는 타인 고막 보호법 위반으로 일주일 동안 가장 큰 소리로 헤비메탈 곡을 듣도록 하겠습니다.

재판 후 많은 사람들이 폭죽을 터뜨리기 전에 주위 사람과의 거리를 재게 되었다. 이런 사실을 알게 된 폭죽 회사에서는 소리가 작게 나면서 연기가 예쁘게 피어오르는 새로운 폭죽을 내놓게 되었다.

소리가 수군수군

여러분이 박수를 치면 박수를 친 곳 주위의 공기들이 진동을 하게 되지요. 이것은 강물에 돌을 던지면 돌 주위의 물이 진동을 하는 것과 같은 이치예요. 이렇게 한곳의 진동이 옆으로 퍼져 나가는 현상을 파동이라고 하는데, 소리는 공기의 진동이 옆으로 퍼져 나가 귀의 고막을 진동시키는 과정이죠.

파동을 다룰 때 두 가지 중요한 것이 있습니다. 그것은 진폭과 진동수입니다. 거대한 파도는 오르락내리락 하는 폭이 크죠? 이런 파도는 진폭이 크다고 말합니다.

그럼 소리의 진폭은 무엇을 말할까요? 소리의 진폭은 바로 소리의 크기를 말합니다. 그러니까 큰 소리는 진폭이 큰 소리를 말하죠.

그러면 소리의 크기의 단위는 뭘까요? 소리의 크기는 데시벨(dB)이라는 단어를 사용합니다. 수업 시간 중에 과자 봉지가 바닥으로 떨어질 때 나는 소리의 크기는 약 10데시벨 정도입니다. 이 정도의 소리는 잘 들리지 않아요. 친구와 수다 떠는 소리는 약 60데시벨 정도이죠. 이 정도 진폭의 소리는 수업 시간에 선생님의 귀에도 들립니다.

화가 난 선생님이 "누구야?" 라고 소리치는 고함 소리는 90데시벨 정도입니다.

그때 갑자기 학교 위로 비행기가 지나갑니다. 비행기 소리는 130데시벨 정도입니다. 이 정도로 소리가 크면 소리라고 부르지 않고 소음이라고 부르죠.

소리는 음파라고 부르는 파동입니다.
소리는 주위의 공기를 진동시켜 만든답니다.

이번에는 소리의 진동수에 대해 알아봅시다. 소리의 진동수는 소리의 음과 관계가 있어요. 그러니까 진동수가 크면 높은 음을 냅니다.

노래방에서 어떤 노래를 부르다가 음이 안 올라가는 것은, 여러분이 그런 진동수의 소리를 만들어 낼 수 없기 때문이에요. 그러니까 가수들은 다른 사람들보다 높은 진동수의 소리를 내는 셈이죠.

하지만 사람이 모든 진동수의 소리를 다 들을 수 있는 것은 아니에요. 진동수가 너무 크면 소리를 못 듣게 되는데, 그런 소리를 초음파라고 합니다.

제4장

전자석에 전기가 끊어지면 어떻게 될까

자기력을 오래 지니는 방법_자석의 운명

붙어 있던 자석을 모두 떼어 놓으면 자기력이 약해질까

전자석의 원리_무기로 변신

전자석에 전기가 끊기면 어떤 일이 벌어질까

자석이 만드는 자기장_휴대폰의 감춰진 비밀

휴대폰에 붙은 자석 때문에 현금카드가 고장 날 수 있을까

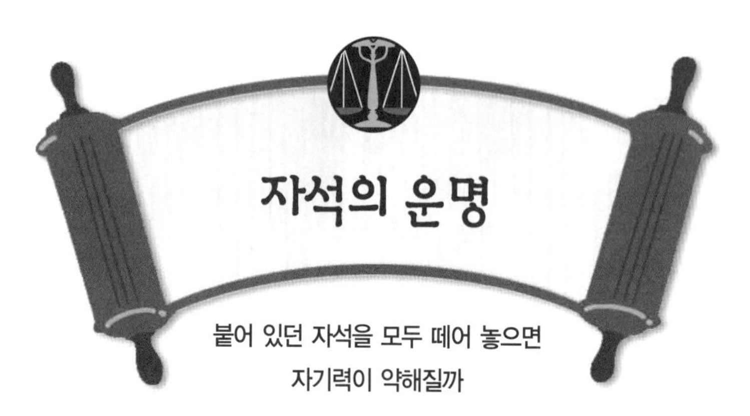

사건 속으로

강자석 씨는 마그노 시티에서 자석 대리점을 운영하고 있다. 갑자기 그는 한 달 동안 외국 여행을 떠나게 되었다. 그는 대리점의 자석들을 한 달 동안 친구인 반자석 씨에게 맡기기로 했다.

반자석 씨는 자석에 대해 아무것도 모르는 멜로드라마 작가였다. 그는 강자석 씨가 맡긴 자석을 아무도 쓰지 않는 빈방에 놓아두었다. 강자석 씨가 자석을 맡길 때 말굽자석에는 철판이 붙어 있었고, 원형 자석은 10개가 탑처럼 붙어 있었다.

반자석 씨는 강자석 씨가 몇 개의 자석을 자기에게 맡겼는지 알아보기 위해 빈방에 자석을 늘어뜨려 놓았다. 그는 말굽자석에 붙어 있던 철판들을 모두 떼어 따로 두고, 10개씩 붙어 있던 원형 자석을 하나씩 떼어 내어 바닥에 놓아두었다. 자석은 모두 제각각 떨어져 있게 되었다.

혼자 사는 반자석 씨는 추위를 심하게 탔고, 마침 늦가을이라 쌀쌀했기 때문에 그는 보일러를 강하게 틀었다. 자석들을 깔아 놓은 방에도 점점 온도가 높아져 자석들은 점점 따뜻해졌다.

한 달 후 강자석 씨가 돌아왔다. 반자석 씨는 강자석 씨가 맡겼던 자석을 모두 돌려주었다. 강자석 씨는 자석들을 초등학교 앞 문구점에 팔려고 했다. 그런데 자석이 쇠에 잘 달라붙지 않았다. 이로 인해 큰 손해를 본 강자석 씨는, 반자석 씨가 자석을 잘못 보관하여 이런 일이 일어났다며 그를 물리법정에 고소했다.

자석은 열에 약한 성질을 지니고 있어서
온도가 올라가면 자성이 약해집니다.

여기는 물리법정 강자석 씨가 10개씩 붙여 놓은 자석을 반자석 씨가 모두 떼어 놓았군요. 그럼 자석의 운명은 어떻게 될까요? 물리법정에서 알아봅시다.

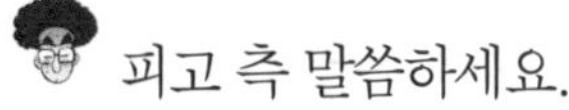
피고 측 말씀하세요.

새 건전지도 공기 중에 오래 놔두면 방전되어 못 쓰게 되고, 뜨거운 물도 공기 중에 오래 놔두면 미지근해지고, 사이다도 공기 중에 오래 놔두면 김이 빠지는 것이 물리학의 법칙입니다.

물치 변호사. 그것과 이번 사건이 무슨 관계가 있죠?

그러니까 제 말은 자석도 오래 놔두면 자기력이 약해지는 것이 물리학의 법칙이라는 것입니다. 따라서 피고 반자석 씨는 자석의 자기력이 약해진 것에 대해 아무 책임이 없다는 것이 본 변호인의 주장입니다.

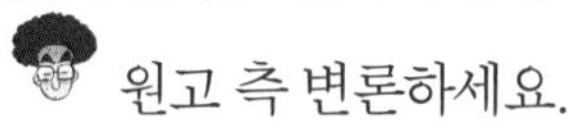
원고 측 변론하세요.

물치 변호사가 어떻게 물리법정의 변호사가 되었는지 무척 궁금하군요.

사실 저도 궁금해요.

과학공화국에서는 어릴 때부터 자석에 관한 물리를 많이 배우고 있습니다. 자석을 잘 보관하는 물리학적인 방법에 대해 마그노 연구소의 임마그 연구원을 증인으로 요청합니다.

임마그 씨가 증인석에 앉았다.

증인은 어떤 일을 하고 있습니까?

자석 보관법에 대한 연구를 하고 있습니다.

이번 사건에 대해서는 잘 알고 있습니까?

법정에 들어오기 전에 자료를 보았습니다.

이번 사건에 대한 증인의 생각을 말씀해 주세요.

이번 사건은 전적으로 반자석 씨의 잘못입니다.

구체적으로 어떤 점이 잘못되었죠?

강자석 씨가 자석들을 반자석 씨에게 맡길 때 자석들은 서로 붙어 있거나 또는 철조각이 자석에 붙어 있는 상황이었습니다.

그랬죠.

그것이 자석의 자기력을 오래 유지하는 방법입니다.

무슨 말이죠?

물론 자석도 공기 중에 오래 놔두면 자성이 약해집니다. 하지만 원형 자석을 서로 극이 반대가 되도록 하여 붙여 놓거나, 말굽자석의 양 극에 철조각을 붙여 놓으면 자석의 자성이 오래 유지됩니다. 또한 자성은 열에 약한 성질이 있어서 온도가 올라가면 자성이 약해지게 됩니다.

간단한 사건이군요. 존경하는 재판장님. 강자석 씨는

친구인 반자석 씨에게 자석을 맡길 때 원형 자석은 서로 반대의 극끼리 붙여서 말굽자석에는 철조각을 붙여 건네주었습니다. 자성을 오래 유지할 수 있는 방법이죠.

그런데 반자석 씨는 모든 자석들을 분리했고, 말굽자석에 붙어 있던 철조각을 떼어 냈습니다. 또한 자석이 열에 약함에도 불구하고 자석을 놓아둔 방에 보일러를 틀어 자석의 자성을 잃게 했습니다.

그러므로 자석 보관법을 무시하고 자석을 보관한 반자석 씨는 친구인 강자석 씨의 자석을 옳게 보관했다고 할 수 없으므로 강자석 씨가 입은 손실을 모두 책임져야 한다고 주장합니다.

판결합니다. 자석의 보관법은 우리 과학공화국에서는 초등학교 과학 시간에 배우는 과정입니다. 그만큼 우리 사회에서 자석은 중요한 역할을 합니다. 그런데 반자석 씨가 자석 보관법을 몰라 자석의 자성을 잃게 했다면, 그 책임은 반자석 씨에게 있다고 할 수 있습니다. 그러므로 반자석 씨는 강자석 씨의 자석 값을 모두 물어 줄 것을 판결합니다.

재판 후 반자석 씨는 강자석 씨가 다시 자석 대리점을 열 수 있도록 자석을 구입해 주었다. 하지만 이 재판으로 둘 사이의 우정은 금이 갔다. 하지만 반자석 씨가 사 준 자석으로 사업에 재기한 강자석 씨는 친구인 반자석 씨의 멜로드라마가 방송을 탈 수 있도록 도와주었다. 이로 인해 반자석 씨의 드라마가 전파를 타고 전국에 알려졌다. 그리하여 둘 사이의 우정은 다시 사이좋은 관계가 되었다.

사건 속으로

일렉마그 씨는 과학공화국에서 가장 큰 자석 회사인 마그노피아 주식회사에서 최근에 명예퇴직했다. 퇴직금으로 뭔가 사업을 하고자 했던 그는, 조그만 레스토랑을 차리기로 하였다. 레스토랑의 인테리어를 직접 하겠다고 나선 그는 자신의 연구 분야를 살려 독특한 레스토랑을 만들어 보기로 했다.

그는 천장을 모두 전자석으로 만들었다. 천장은 전류가 흐르는 동안에는 자석이 되고, 전류가 흐르지 않으면 더 이상 자석이 아니었다. 그는 전자석으로 되어 있는 천장에 철로 만든 조각들을 여기저기 붙였다. 전자석 천장에 붙어 있는 여러 가지 모양의 철조각들은 조명을 받아 반짝이면서 현대적인 인테리어로 보였다.

일렉마그 씨의 아이디어 덕분인지 이 레스토랑은 개업하자마자 많은 손님들로 붐비기 시작했다. 그리하여 일렉마그 씨는 대기업을 다닐 때보다 더 많은 돈을 벌 수 있었다.

그러던 어느 날 점심시간이 되기에는 좀 이른 시간에 연인으로 보이는 남녀가 레스토랑에 들어왔다. 두 남녀는 커피를 주문했고, 일레마그 씨는 연인들을 위한 분위기를 만들어 주기 위해 다양한 빛을 내는 레이저 빔을 켰다. 여러 가지 색의 레이저 빔이 천장에 붙어 있는 철조각들에 반사되어 장관을 이루었다. 두 남녀는 만족해했다.

그런데 어느 순간 사방이 칠흑 같은 어둠에 싸이고, 두 남녀의 비명 소리가 들렸다. 잠시 후 불이 다시 켜지고 일렉마그 씨가 테이블로 가 보았더니 그들은 천장에서 떨어진 철조각들에 머리를 부딪쳐 쓰러진 것이었다. 이 사고로 머리를 다친 두 남녀는 레스토랑 사장인 일렉마그 씨를 물리법정에 고소했다.

전자석은 전기가 흐르지 않을 때는
자성을 잃게 됩니다.

여기는 물리법정

전기가 끊기면 전자석은 더 이상 자석이 아니죠. 이 점을 몰랐던 일렉마그 씨에게는 어떤 책임이 있을까요? 물리법정에서 알아봅시다.

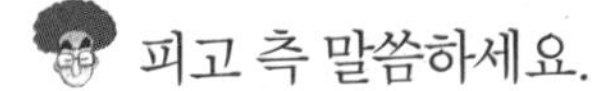
피고 측 말씀하세요.

천장을 전자석으로 만들어 철조각 장식물을 붙여 놓은 것에는 잘못이 있다 할 수 없습니다. 또한 이 레스토랑을 찾는 손님들의 대부분은 이 현상에 신기함을 갖고 찾아오는 것으로 알고 있습니다. 그런데 갑자기 정전이 되어 철조각이 천장에서 떨어진 것은 예고 없이 전기 공급을 못한 전력 회사의 책임이지 일렉마그 씨의 책임은 아니라고 봅니다.

원고 측 변론하세요.

전자석 회사의 전자석 연구원을 증인으로 요청합니다.

전자석 씨가 증인석에 앉았다.

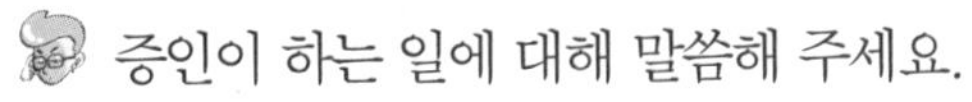
증인이 하는 일에 대해 말씀해 주세요.

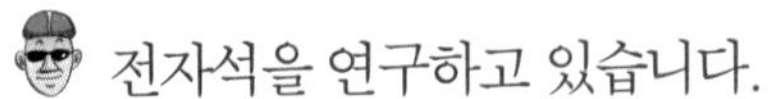
전자석을 연구하고 있습니다.

전자석이 뭐죠?

자석에는 두 종류가 있습니다. 아이들이 가지고 노는 영구자석과 전기가 흐를 때만 자성을 가지는 전자석이죠.

영구자석은 영구적으로 자성을 가지고, 전자석은 전기가 공급될 때만 자성을 가지는군요.

그렇습니다.

그럼 이번 사고의 원인은 뭐라고 생각합니까?

전자석은 전기가 흐르지 않을 때는 더 이상 자석이 아닙니다. 그러니까 이 레스토랑의 천장은 전기가 흐를 때만 자석인 거죠.

물론 전기가 공급되면 자성에 의해 철조각들이 붙어 있게 됩니다. 영구자석의 자기력은 일정한 데 비해, 전자석의 자기력은 전류의 세기에 비례합니다. 그러니까 강한 전류가 흐를 때는 강한 자석이 되고, 약한 전류가 흐를 때는 약한 자석이 되지요.

물론 전류가 흐르지 않을 때는 무늬만 자석이죠. 건물에 흐르는 전류의 세기는 항상 일정하지는 않습니다. 어떨 때는 조금 강한 전류가 흐르기도 하고, 어떨 때는 조금 약한 전류가 흐르기도 하지요.

그러니까 이 레스토랑의 천장은 강한 자석일 때도 있고, 약한 자석일 때도 있습니다. 더욱 위험한 것은 이번 사고처럼 레스토랑에 전기가 공급되지 않을 때입니다. 그때는 천장이 자석이 아니니까 무거운 철조각들이 천장에 붙어 있을 수 없죠. 그래서 밑으로 떨어진 것입니다.

가정이나 식당의 전기는 언제 정전이 될지 아무도 모르는 일입니다. 사람들의 전력 소비가 많아져서 전류가 덜 흐를 수도 있고, 교통사고나 번개에 의해 전선이 끊길 수도 있습니다. 전기가 끊기는 순간 이 레스토랑 천장에 붙어 있던 철조각들은 바닥으로 떨어져 밑에 앉아 있는 손님들의 머리로 떨어지게 됩니다.
이것은 순간적으로 일어나는 일이므로 막을 수 없는 일입니다. 그러므로 전자석으로 인해 발생할 수 있는 대형 사고를 무시한 채 천장을 전자석으로 설계하여 손님을 다치게 한 일렉마그 씨는 이번 사고의 모든 책임을 져야 한다고 생각합니다.

최근 과학공화국의 어려운 경제 상황 때문에 많은 식당들이 색다른 인테리어를 통해 손님을 유치하고 있습니다. 물론 이러한 노력은 손님들에게 새로운 서비스를 제공한다는 점에서 적극 권장되어야 합니다.
하지만 가장 중요한 것은 손님의 안전입니다. 그러므로, 비록 외관상 아름답기는 하지만 전기가 차단되었을 때는 손님의 머리를 위협하는 무서운 흉기로 변하는 철조각 장식물은 손님의 안전 면에서 바람직하지 않다고 생각됩니다. 따라서 일렉마그 씨는 전자석을 이용한 장식물을 모두 철거하고, 머리를 다친 손님의 치료비와 정신적 위자료를 지불할 의무가 있다고 판결합니다.

재판 후 일렉마그 씨는 천장 대신 바닥을 전자석으로 만들었다. 그리고 철로 만든 조형물들을 테이블 사이에 세워 두었다. 조형물은 전기가 흐르는 동안에는 자기력 때문에 아무리 힘센 사람이 밀어도 넘어지지 않았고, 전기가 끊겨도 바닥에 쓰러지지 않았기 때문에 손님들에게 피해를 입히지 않게 되었다.

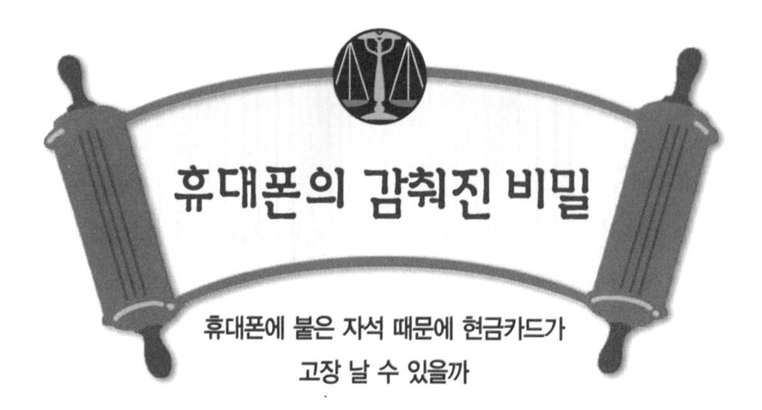

사건 속으로

과학공화국에서는 휴대폰을 한 손에 들고 운전하는 사람들이 많아지면서 교통사고가 급증했다. 교통국에서는 이를 막기 위해 휴대폰을 손에 든 채 운전하는 운전자를 처벌하기로 하였다. 단속이 강화되자 휴대폰을 손에 들지 않고도 통화가 가능한 장치가 개발되었는데, 그것은 바로 노핸드 회사에서 개발한 노핸드라는 장치였다.

노핸드 장치는 차에 부착되어 있는 철로 만든 받침대에, 뒷면에 강한 자석이 부착된 휴대폰을 올려놓는 장치로, 받침대에 휴대폰을 붙이고 선을 연결하면 휴대폰을 들지 않고도 전화를 걸거나 받을 수 있는 아이디어 상품이었다. 그리고 차에서 내릴 때는 노핸드에서 휴대폰만 떼어 내면 되었다. 이 제품은 날개 돋친 듯 팔리기 시작했고, 이 장치 덕분에 운전 중에도 자유롭게 통화할 수 있었다.

한사업 씨는 조그만 회사를 운영하고 있는데, 항상 자금이 부족해서 제때 대출금을 갚지 못하면 대출 중단으로 부도가 날 위험을 지니고 있었다. 그래서 한사업 씨는 본인이 직접 수금을 다니면서 수금한 돈을 은행 업무가 끝난 후에 현금입출금기를 통해 입금을 시키는 일이 매일의 업무였다.

한사업 씨는 항상 거래처 사람들과 전화로 약속하여 물건도 팔고 대금도 직접 받기 때문에 휴대폰 없이는 한시도 살 수 없었다.

그러던 어느날, 한사업 씨는 우연히 라디오 광고 방송에서 노핸드 장치에 대한 정보를 듣게 되었다. 한사업 씨는 바로 그 장치를 구입했다. 그리고 운전 중에도 전화를 맘 놓고 할 수 있도록 노핸드를 차에 설치했다. 설명서는 조그만 종이쪽지로 되어 있었고 특별한 주의 사항은 없었다.

노핸드를 설치하고 얼마 지나지 않아 은행에서 전화가 왔다. 자정까지 천만 원을 통장에 입금시켜 놓지 않으면 부도가 난다는 것이었다. 한사업 씨는 바쁘게 수금을 다녔다. 그는 밤

11시 반이 다 되어서야 겨우 천만 원을 수금할 수 있었다.
한사업 씨는 서둘러 가까운 현금입출금기를 찾았다. 그는 가방 안에서 현금카드를 꺼내 인출기에 넣었다. 그런데 카드가 읽히지 않았다. 가방 안에 있던 다른 카드를 넣어 보아도 상황은 마찬가지였다. 가방 안에는 담배와 라이터 그리고 휴대폰밖에는 없었다.
자정을 넘길 때까지 천만 원을 입금시키지 못한 한사업 씨는 다음 날 부도가 났다. 한사업 씨는 자신의 현금카드가 모두 고장이 난 것이, 휴대폰 뒤에 부착한 자석 때문일지도 모른다는 생각에 노핸드 회사를 물리법정에 고소했다.

현금카드의 자기 테이프는

자성을 지닌 자기 기록 매체입니다.

여기는 물리법정

과연 자석이 현금카드를 망가뜨릴 수 있을까요? 물리법정에서 알아봅시다.

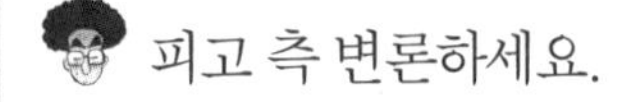
피고 측 변론하세요.

노핸드 장치는 통화를 하면서도 안전 운전을 할 수 있게 해 주는 이로운 장치입니다. 빠르게 달리는 자동차에 휴대폰을 고정시키기 위해서는 자석의 자기력을 이용하는 것이 가장 효과적인 방법일 것입니다.

그런 면에서 휴대폰의 뒷면에 강한 자석을 부착하여 철로 만든 차 안의 받침대에 휴대폰을 부착하는 노핸드 장치는 많은 사람들에게 사랑을 받았습니다. 저는 이 자리에서 노핸드 장치가 얼마나 편리한가를 알아보기 위해 가정주부 잘부쳐 씨를 증인으로 요청합니다.

몸빼 바지를 입은 40대 후반의 여자가 증인석에 앉았다.

증인은 노핸드 장치를 사용하고 있죠?

아주 잘 쓰고 있어요.

어떤 점이 편리합니까?

처음에는, 저도 한 손으로는 핸들을 잡고 다른 한 손으로 휴대폰을 들고 통화를 하면서 운전을 했지요. 그런데 운

전에 집중을 못하다 보니 사고를 낼 뻔한 적이 한두 번이 아니었어요. 그런데 노핸드 장치를 쓰고 나서는 아무 걱정 없이 운전을 하면서도 수다를 떨 수 있어요.

또 다른 장점은 없습니까?

있어요. 휴대폰 뒤에 강한 자석이 붙어 있어 여기저기 쇠붙이에 잘 달라붙죠. 그러니까 제가 설거지를 하거나 요리를 할 때 휴대폰을 냉장고에 붙여 두죠. 그러면 전화가 왔을 때 금방 전화를 받을 수 있어 좋아요.

지금 증인인 잘부쳐 씨가 말한 대로 노핸드 장치는 운전 중 통화하다가 생기는 사고를 많이 줄여 주었으며, 또한 집에서 살림하는 주부들에게 휴대폰을 냉장고에 부착할 수 있게 하여 편리함을 제공하였습니다. 그러므로 이 사고는 휴대폰에 붙인 자석 때문이라기보다는 한사업 씨가 현금카드를 함부로 사용하여 자기 테이프 부분이 훼손되어 일어난 사고라고 생각합니다.

원고 측 말씀하세요.

과연 그럴까요? 저는 휴대폰에 붙은 강한 자석과 현금카드의 자기 테이프 사이의 관계를 알아보기 위해 자석 연구소 소장인 임마그 박사를 증인으로 요청합니다.

임마그 박사가 증인석에 앉았다.

요점만 묻겠습니다. 휴대폰에 붙은 강한 자석으로 인해 현금카드의 자기 테이프가 훼손될 수 있습니까?

가능한 일입니다.

어떤 원리에 의해 그렇게 될 수 있죠?

자석을 놓으면 주위에 자석에 의한 자기장이 생깁니다. 자기장의 방향은 자석의 N극에서는 나가는 방향이고, S극으로는 들어가는 방향입니다. 이 자기장이 다른 자석에 영향을 미칠 수 있습니다.

그게 무슨 말이죠?

제가 직접 실험을 해 보이죠.

임마그 박사는 쇠못 두 개를 들고 나왔다. 그리고 하나의 쇠못으로 다른 쇠못을 붙이려고 했다. 그러나 쇠못끼리는 서로 달라붙지 않았다.

이렇게 쇠못 두 개 사이에는 자기력이 없어 서로 달라붙지 않습니다. 다음 실험을 보시죠.

임마그 박사는 막대자석으로 쇠못 하나를 여러 번 같은 방향으로 마찰시켰다. 그리고 막대자석을 치우고 그 쇠못을 다른 쇠못에 가까이 가져갔다. 놀랍게도 두 개의 쇠못이 서로 달라붙었다.

제가 자석으로 여러 번 마찰시킨 쇠못은 자석이 되었어요. 이게 바로 가장 쉽게 자석을 만드는 방법입니다. 이렇게 자석이 된 쇠못에 다른 쇠못이 자기력에 의해 달라붙는 것입니다.

이 실험이 자기 테이프의 훼손과는 무슨 관계가 있죠?

보통의 쇠못을 자석으로 문지르면 자석의 자기장 때문에 쇠못이 자석이 되지요. 이렇게 자석이 아닌 쇠붙이가 자성을 가지게 하는 것을 자화라고 부릅니다.

그런데 현금카드의 자기 테이프나 비디오테이프는 자기 기록 매체입니다. 그러니까 그 속에는 아주 작은 자석들이 각각의 방향을 나타내고 있습니다.

이 각각의 방향은 자기 테이프 속에 저장해야 할 정보들을 나타냅니다. 그런데 이렇게 아주 작은 자석들이 서로 제 각각의 방향을 나타내기 때문에 전체적으로는 자성을 띠지 않고 있습니다.

이런 테이프를 현금입출금기에 넣으면 자기 테이프 속의 작은 자석들의 방향을 알아차려 그 속에 있는 개인 정보를 인식하게 되죠.

그런데 이때 자석이 주위에 강한 자기장을 만들면 자기 테이프 속에서 제각각의 방향을 가리키던 작은 자석들은 모두 같은 방향을 가리키게 됩니다. 그러니까 결국 자기 테이프 속의 모든 정보가 지워지게 되는 것입니다. 그러니까 현금입출금기는 그 카드로부터 어떤 정보도 읽어 낼 수 없게 됩니다.

그런 원리가 있었군요. 요즘 많은 사람들이 통장과 도장을 사용하여 돈을 찾는 대신 현금카드를 이용하여 돈을 인출하고 있습니다. 물론 다른 방법으로 인해 현금카드의 자기 테이프가 손상되는 경우도 있지만, 이 경우는 가방 속에 함께 둔 휴대폰 뒤에 부착된 강한 자석이 만들어 낸 자기장이 자기 테이프 속의 자기장의 방향을 한 방향이 되게 만들어 자기 테이프가 손상되었다고 생각합니다.

그러므로 한사업 씨의 부도는, 노핸드 회사가 자석이 다른 생활 용품들에 어떤 영향을 끼칠 수 있는지를 설명서를 통해 경고하지 않았기 때문에 벌어진 사건이라고 생각합니다.

요즘 많은 사람들이 자기 테이프가 부착된 여러 종류의 카드를 가지고 다니고 있고, 자석의 자기장이 자기 테이프에 영향을 주어 자기 테이프를 손상시킬 수 있다는 점을 인정합니다.

예를 들어 전자레인지의 설명서에는 금속을 전자레인지에 넣지 말라는 주의 사항이 강조되어 있듯이, 노핸드의 설명서에도 자석이 부착된 휴대폰과 현금카드나 비디오테이프를 함께 두면 그 물건들이 손상될 수 있다는 경고 문구를 넣어야 합니다.
하지만 원고 측 변호사가 제출한 증거자료에 의하면 노핸드의 설명서에는 그런 경고 문구가 없으므로 이번 사고로 한사업 씨가 입은 물질적 피해에 대해 노핸드 회사가 책임을 질 의무가 있다고 판결합니다.

재판 후 노핸드 회사는 문을 닫았고, 자석을 사용하지 않고 차 안에 휴대폰을 올려놓고 통화를 할 수 있는 새로운 제품이 선보이게 되었다.

자석이 지구 속에

자석은 우리 주위에서 흔히 볼 수 있습니다. 냉장고에 붙여 두는 병따개에도 자석이 붙어 있고, 메모지를 붙여 둘 때도 자석을 사용합니다. 자석에는 철이 잘 달라붙는데 자석에 의한 자기력 때문에 철조각이 작은 자석이 되기 때문입니다. 이렇게 자석에 의해 철조각이 자석의 성질을 띠는 것을 자화라고 부릅니다.

그럼 가장 친근한 자석인 나침반에 대해 알아봅시다. 우리는 방향을 찾을 때 나침반을 사용합니다. 그럼 나침반은 왜 항상 북쪽을 가리킬까요? 그것은 지구 속에 거대한 자석이 있기 때문이죠. 지구 깊은 곳은 철이나 니켈로 이루어져 있는데, 이들이 바로 자석의 재료예요. 지구 속에 있는 자석은 남극 방향이 N극이고 북극 방향이 S극입니다.

그러니까 회전할 수 있는 자석을 가지고 다니면 항상 북쪽 방향을 찾을 수 있지요. 회전하는 자석을 이용한 기구가 바로 나침반인데, 나침반의 N극이 지구 속에 있는 거대한 자석의 S극을 향하므로 N극은 항상 북쪽 방향을 가리키죠.

지구 속에 들어 있는 자석은 지구의 북극과 남극을 이은 선분과 일치하지 않고 약간 기울어져 있지요. 즉, 지구 속 자석의 S극

의 위치는 북극점에서 약간 벗어난 지점이에요.

또한 지구 속 자석은 가만히 있지 않고 계속 회전하고 있어요. 그래서 지구가 태어난 이후로 300번 정도 자석의 S극의 방향이 바뀌었죠.

어떻게 나침반으로 방향을 찾을 수 있는 걸까요?
왜냐하면 지구가 하나의 커다란 자석이기 때문입니다.

지구가 하나의 거대한 자석이라는 것을 처음 알아낸 사람은 영국의 의사인 길버트였어요. 그는 회전할 수 있는 자석의 어느 한 극이 가리키는 방향이 항상 북쪽임을 알아냈지요. 그래서 그는 한쪽 극을 N극이라고 불렀어요. N극은 S극을 좋아하니까 지구의 북쪽에는 S극이 있다는 것을 알아낸 거죠.

● 철새들은 어떻게 북쪽을 찾을까?

철새들은 어떻게 북쪽이나 남쪽을 찾아갈까요? 철새들이 나침반을 가지고 있는 것도 아닐 텐데. 사실은 철새들의 뇌 속에는 작은 자석이 들어 있어 그것이 나침반의 역할을 하고 있어요. 철새들은 이 나침반을 이용하여 북쪽이나 남쪽 방향을 찾아갈 수 있지요.

철새가 길을 잃게 하는 방법이 있어요. 철새의 머리에 강한 자석을 붙이면 철새는 방향을 헷갈려하지요. 그래서 철새는 제대로 북쪽을 찾지 못해 길을 잃게 되요. 과학자들은 이 방법으로 철새의 뇌 속에 자석이 있다는 걸 알아냈답니다.

제5장

반신 거울로도 온몸이 보일까

쇠의 열전도_눈물의 계란 프라이

프라이팬 손잡이가 길어 손을 데었다면 누구의 책임일까

빛의 반사 성질_절반의 거울

반신 거울로도 전신을 볼 수 있을까

마찰의 힘_도전! 쇠젓가락으로 묵 먹기

미끌미끌한 쇠젓가락으로 묵 먹기가 힘들었다면 누구의 책임일까

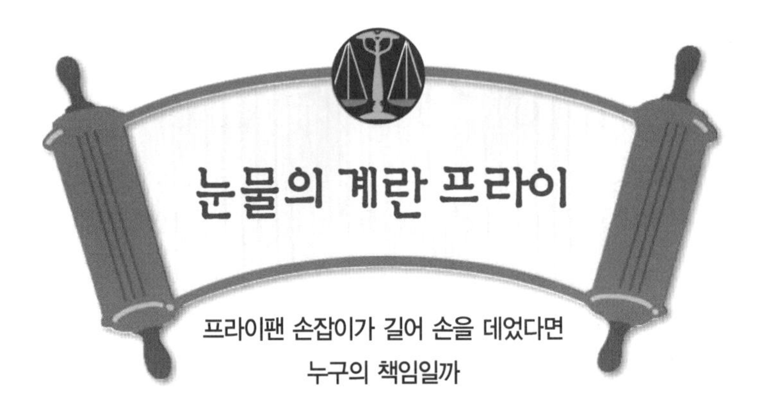

사건 속으로

나성급 씨는 혼자 사는 샐러리맨이다. 아침잠이 많은 그는 아침만 되면 출근 준비에 매우 분주하다. 아침 식사를 제대로 차려 먹을 시간이 없는 그는, 항상 계란 프라이와 토스트로 아침 식사를 간단히 때운다.

나성급 씨는 최근에 새로운 프라이팬을 장만했는데 전에 쓰던 것에 비해 손잡이가 유난히 길어 손잡이의 끝을 잡으면 가스레인지의 열기를 피할 수 있었다. 유난히 가스 불꽃을 두려워하는 나성급 씨에게 딱 맞는 프라이팬이었다.

그날도 나성급 씨는 늦게 일어났다. 시계를 보고 깜짝 놀란 나성급 씨는 계란을 프라이팬 위에 터뜨리고 급하게 양복을 꺼내 입었다. 순간 갑자기 휴대폰의 벨이 울렸다. 회사 상사의 전화였다.

"나성급 씨 회의 시작했는데 왜 안 오는 겁니까?"

"지금 택시 안인데 차가 막혀서요."

"빨리 와서 어제 준 자료 브리핑하세요."

"네, 곧바로 가겠습니다."

전화를 끊고 서둘러 옷을 입은 나성급 씨가 문을 나서려는 순간 가스레인지의 계란 프라이가 생각났다. 주방으로 서둘러 가 보니 계란 프라이가 타면서 연기가 모락모락 피어오르고 있었다.

급한 마음에 나성급 씨는 프라이팬 손잡이를 덥석 잡았다. 그런데 손잡이가 너무 길다 보니까 쇠 부분을 손으로 잡게 되었다. 그러자 나성급 씨의 손에서 연기가 났다. 나성급 씨는 이 사고로 손에 화상을 입었다.

나성급 씨는, 이 사고의 원인은 프라이팬의 손잡이가 너무 길어 쇠 부분과 손잡이 부분을 구별하기 힘들어서 일어난 사건이라고 여기고, 프라이팬 제조 회사인 롱팬 주식회사를 물리법정에 고소했다.

철과 같은 금속은 비열이 작아 약간의 열만 받아도 금방 뜨거워지고
나무나 플라스틱은 비열이 크기 때문에 열을 받아도 쉽게 뜨거워지지 않습니다.

여기는 물리법정 프라이팬 손잡이가 길어서 쇠로된 부분을 만져 손을 데었다면 과연 누가 책임을 져야 할까요? 물리법정에서 알아봅시다.

물리짱 판사

물치 변호사

피즈 검사

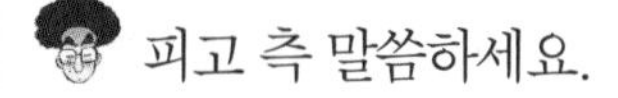

피고 측 말씀하세요.

이번 사고는 물리와는 아무 관련이 없는 사건입니다. 단지 나성급 씨가 부주의하여 손잡이가 아닌 부분을 잡아 손을 데인 사건일 뿐입니다. 따라서 피고인 롱팬 주식회사는 이 사고에 대해 아무 책임이 없다고 주장합니다.

원고 측 말씀하세요.

롱팬 주식회사의 프라이팬 설계 담당자인 롱저아 씨를 증인으로 요청합니다.

키가 2미터도 넘어 보이는 30대 초반의 사내가 증인석에 앉았다.

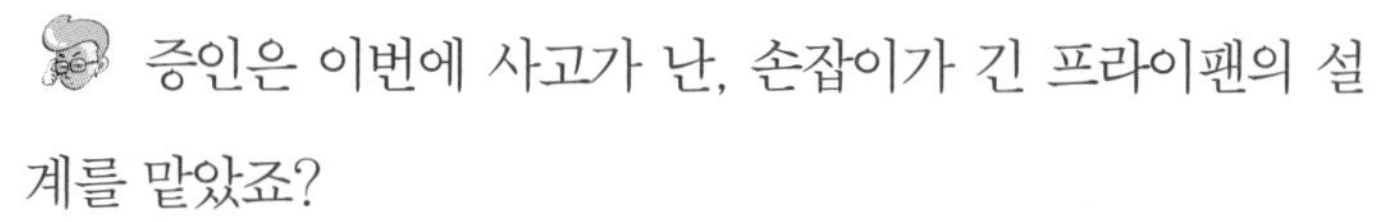

증인은 이번에 사고가 난, 손잡이가 긴 프라이팬의 설계를 맡았죠?

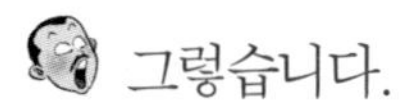

그렇습니다.

손잡이 부분을 길게 만든 이유는 무엇입니까?

최근에 혼자 사는 직장인이 많아지면서 한 손으로는 요리를 하고, 한 손으로는 다림질을 하는 등 아침 출근 시간에 혼자서 여러 가지 일을 해야 하는 직장인들을 위해 손잡이를 길게 만들었습니다.

프라이팬에서 요리가 되는 부분은 뭘로 만들죠?

당연히 열을 잘 전달하는 철로 만듭니다.

손잡이 부분은요?

열을 잘 전달하지 않는 플라스틱류인 베이클라이트를 사용합니다.

그럼 열을 전달하지 않는 부분을 만지면 그리 뜨겁지 않겠군요.

물론입니다.

두 번째 증인으로 열전도 연구소의 열받아 박사를 요청합니다.

유난히 주름이 많은 50대 후반의 남자가 증인석에 앉았다.

증인은 어떤 일을 하고 있습니까?

열의 전도에 대해 연구하고 있습니다.

열의 전도에 대해 알기 쉽게 설명해 주십시오.

열은 뜨거운 곳에서 찬 곳으로 이동합니다. 열이 이동하는 방법에는 전도, 대류, 복사의 세 가지가 있습니다.

복사는 태양의 열기가 지구에 오는 것처럼 지구와 태양 사이에 아무 물질도 없는데 에너지의 형태로서 열이 지구에 전달되는 것을 말합니다.
또한 대류는 히터를 통해 방이 뜨거워질 때처럼 뜨거워진 공기가 위로 올라가고, 천장과 부딪친 공기는 다시 차가워져서 바닥으로 내려오고, 바닥으로 내려온 공기는 다시 위로 올라가면서 공기가 순환하여 열이 방 전체에 전달되는 방식입니다.
그러니까 대류는 주로 기체나 액체 물질을 통해 열이 전달되는 방식이죠.

그럼 전도는 어떤 이동이죠?

고체 물질을 통해 열이 직접 전달되는 방식이죠. 뜨거운 돌멩이를 만지면 손이 뜨겁죠? 이것은 뜨거운 돌멩이의 열이 사람의 손으로 직접 이동했기 때문입니다.

왜 같은 열을 받아도 어떤 물질은 더 뜨거워지고 어떤 물질은 덜 뜨거워지죠?

열을 잘 전달하는 물질도 있고, 그렇지 않은 물질도 있기 때문입니다. 열을 얼마나 잘 전달하는가를 나타내는 것이 바로 물질의 비열입니다. 비열이 작으면 열을 조금만 받아도 금방 뜨거워집니다.
철과 같은 금속은 비열이 작아 약간의 열만 받아도 금방 뜨거워지게 되고, 나무나 플라스틱과 같은 물질은 비열이 크기 때문에 열을 받아도 쉽게 뜨거워지지 않습니다.

그렇다면 이번 사건처럼 손잡이를 길게 만들어도 손잡이 부분을 열이 잘 전달되지 않는 물질로 만들면 손잡이의 어떤 부분을 잡아도 손을 데이지는 않겠군요?

전체를 그렇게 했다면 그렇습니다. 하지만 이번에 문제가 된 손잡이 부분의 길이는 50센티미터이고, 그중 35센티미터 부분만이 열을 잘 전달하지 않는 베이클라이트로 되어 있었습니다.

아하! 이제야 이번 사고의 원인을 알게 되었습니다. 고맙습니다, 증인. 존경하는 재판장님. 만일 롱팬 주식회사가 50센티미터나 되는 손잡이 부분의 전체를 열의 전도율이 낮은 베이클라이트로 만들었다면 나성급 씨가 급하게 손잡이를 잡았다 해도 철 부분을 만질 수는 없었을 것입니다.
하지만 50센티미터 중에서 35센티미터만을 열의 전도율이 낮은 물질로 만들고, 나머지 15센티미터 부분은 열의 전도율이 높은 큰 철로 만들었다면, 갑자기 손잡이를 잡을 때 철로 되어 있는 부분을 만질 가능성이 큽니다. 따라서 이번 사고의 원인은 손잡이 부분 전체를 열의 전도율이 낮은 물질로 만들지 않은 롱팬 주식회사에 있으므로 나성급 씨의 부상에 책임이 있다고 주장합니다.

판결합니다. 프라이팬은 주방에서는 없어서는 안 될 중요한 요리 도구입니다.

프라이팬은 요리를 하는 동그란 부분과 손잡이 부분으로 나뉘어집니다. 프라이팬으로 요리를 할 때는 아주 뜨거운 온도에서 요리를 하게 되므로, 열의 전도율이 낮은 물질로 손잡이를 만들어 사람들이 안전하게 손에 쥘 수 있게 해야 할 것입니다.
그런 의미에서 본다면 이번 사고는 프라이팬의 손잡이 부분 전체를 열의 전도율이 낮은 물질로 만들지 않아 프라이팬의 열기가 철 부분을 통해 나성급 씨의 손에 전도되어진 것으로 판단되므로, 피고인 롱팬 주식회사는 나성급 씨의 부상에 책임이 있다는 것이 본 판사의 생각입니다.

재판이 끝난 후 롱팬 주식회사는 손잡이가 긴 프라이팬을 모두 수거하여 손잡이의 모든 부분을 열의 전도율이 낮은 베이클라이트로 교체해 주었고, 나성급 씨의 손 부상에 대한 물질적 · 정신적인 보상을 해 주었다.

사건 속으로

고두쇠 씨는 절약 정신이 몸에 밴 사람이다. 그는 몇 년 전 대학을 졸업하고 취업 준비를 하고 있다. 최근 과학공화국에서는 청년들의 실업난이 심각해서 많은 젊은이들의 일자리를 구하지 못했고, 고두쇠 씨도 그중 한 사람이었다.

평소 잘 씻지 않고 머리 손질도 안 하는 고두쇠 씨는 서류 시험에서는 합격했지만 촌스러운 옷차림과 꼬질꼬질한 외모 때문에 면접에서 항상 떨어졌다.

고두쇠 씨는 외모와 패션에 대해 전문가의 자문을 받았다.

그는 자신의 스타일을 돋보이게 할 수 있는 패션에 대해 조금씩 눈을 떠갔다.
고두쇠 씨는 자신의 복장을 항상 체크하기 위해서 전신을 볼 수 있는 거울을 사기로 결심했다. 그는 동네 거울 가게 주인인 반사경 씨에게 갔다.
"제 몸 전체를 볼 수 있는 거울을 맞추고 싶은데요."
"키가 얼마죠?"
"180센티미터인데요."
"높이가 180센티미터인 거울을 만들어 드리면 되겠군요."
이렇게 해서 고두쇠 씨의 집에 자신의 키와 같은 높이의 거울이 설치되었다. 고두쇠 씨는 매일 집을 나설 때마다 거울을 보며 전체적인 의상을 체크했다.
그러던 어느 날, 그는 친구의 집에 놀러 갔는데 자신과 키가 같은 친구가 90센티미터짜리 거울로 전신을 보고 있는 것을 목격했다. 깜짝 놀란 고두쇠 씨는 자신의 몸을 그 거울에 비춰 보았다. 놀랍게도 전신을 볼 수 있었다.
고두쇠 씨는 거울 가게 주인인 반사경 씨가 자신에게 사기를 쳤다며 그를 물리법정에 고소했다.

사람의 눈에 들어오는 광선은

거울의 중간 부분에 부딪친 광선입니다.

여기는 물리법정

전신을 보고 싶을 때 필요한 거울의 최소 높이는 얼마일까요? 물리법정에서 알아봅시다.

 피고 측 말씀하세요.

거울은 빛의 반사를 통해 자신의 몸을 보는 도구입니다. 빛은 직진하는 성질이 있어서 거울 앞에 서 있는 사람에 빛이 비추어지면 사람의 몸에 반사된 빛이 거울에 다시 반사되어 사람의 눈으로 들어가죠. 이런 원리로 사람들은 거울을 통해 자신의 몸을 볼 수 있습니다.

본 변호사도 아침에 출근할 때마다 전신을 거울로 보는데 저의 집의 거울도 저의 키와 같은 높이입니다. 저는 사람 키의 절반 높이의 거울로 전신을 볼 수 있다는 것이 아직도 믿기지 않습니다. 아마도 평면거울이 아닌 다른 특수한 거울이 아닌가 하는 생각이 듭니다. 이에 본 변호사는 원고 측의 주장이 물리학적 근거가 없다고 생각합니다.

 원고 측 변론하세요.

물치 변호사는 물리 공부를 좀 더 해야겠군요. 제가 물치 변호사 키의 절반 높이의 거울로 물치 변호사의 전신이 보이게 해 드리죠.

피즈 변호사는 물치 변호사 키의 절반 높이의 거울을 들고 있었고 물치 변호사를 그 거울 앞에 서게 했다. 놀랍게도 물치 변호사의 전신이 거울에 비춰졌다. 물치 변호사의 얼굴이 파랗게 질려 있었다.

이 재판의 변론을 포기합니다.

이미 시작된 재판이므로 판결을 기다리세요. 그리고 원고 측 변호사는 계속하세요.

이렇게 절반만 가지고도 전신을 볼 수 있는 물리학적인 이유를 설명해 주기 위해 거울 연구소의 이거울 박사를 증인으로 요청합니다.

예쁜 공주 거울을 들고 엉덩이를 실룩대며 걸어 나오는 20대 후반의 여자가 증인석에 앉았다.

증인이 하는 일을 얘기해 주세요.

저는 어릴 때부터 거울 보기를 좋아했죠. 왜냐고요? 저는 소중하니까요.

누가 그런 거 물어봤습니까? 묻는 말에만 대답하세요.

뭘 물으셨죠?

좋아요. 왜 사람 키의 절반 높이의 거울로 전신을 볼 수 있는 것입니까?

원리는 간단해요. 사실 사람의 눈에 들어오는 광선은 거울의 절반 부분에 부딪친 광선들뿐이죠. 그래서 전신을 보기 위해서는 자신의 키의 절반 높이의 거울만 있으면 되는 것입니다.

원고 고두쇠 씨는 적은 비용을 들여 자신의 전신을 볼 수 있는 거울을 구입하려고 했습니다. 증인이 설명한 것처럼 자신의 전신을 보기 위해서는 자기 키의 절반 높이의 거울만 있으면 됩니다. 그럼에도 불구하고 피고 반사경 씨는 고두쇠 씨의 키와 똑같은 거울을 판매하였습니다. 따라서 이는 명백한 불공정 거래라고 볼 수 있습니다.

판결합니다. 빛의 반사 때문에 우리는 자신의 키의 절반 높이의 거울로도 자신의 전신을 볼 수 있습니다.
고두쇠 씨가 필요로 하는 것은 자신의 키와 같은 높이의 거울이 아니라 자신의 전신을 볼 수 있는 거울이므로 원고 측의 주장에는 물리학적 근거가 있다고 보입니다. 따라서 고두쇠 씨는 절반 높이의 거울을 다시 구입하고 거울 값의 절반을 반사경 씨로부터 환불 받을 것을 판결합니다.

재판 후 고두쇠 씨의 집에는, 고두쇠 씨 키의 절반 높이의 거울이 벽에 걸렸다. 그 후 모든 거울 가게에서는 전신 거울을 팔 때, 손님의 키의 절반이 몇 센티미터인지 묻게 되었다.

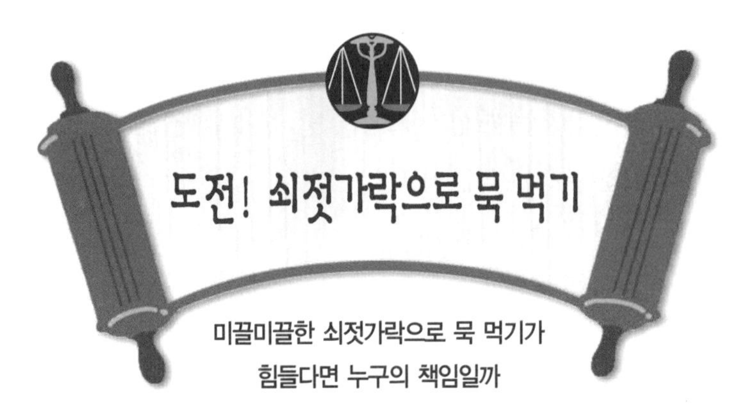

도전! 쇠젓가락으로 묵 먹기

미끌미끌한 쇠젓가락으로 묵 먹기가
힘들다면 누구의 책임일까

사건 속으로

묵 요리를 좋아하는 정말묵 씨는 소문난 묵집을 돌아다니면서 다양한 종류의 묵을 맛보았다. 그래서 과학공화국에는 그가 먹어보지 못한 묵이 거의 없을 정도였다.

그러던 어느 날 정말묵 씨는 신문에서 묵 요리 전문점 묵조아 레스토랑의 광고를 보았다. 묵이라면 사족을 못 쓰는 정말묵 씨는 조금도 지체하지 않고 약도대로 묵조아 레스토랑을 찾아갔다.

식당 앞에는 많은 사람들이 모여 있었다. 광고를 보고 찾아온

묵 마니아들이었다. 한참을 기다리고 있던 정말묵 씨가 식당 안으로 들어갈 차례가 되었다. 자리에 앉은 정말묵 씨는 모둠 묵을 주문했다. 여러 종류의 묵을 맛보기 위해서였다.

새로운 묵 요리에 대한 기대감에 들 떠 있던 정말묵 씨에게 종업원은 여러 가지 색깔과 다양한 모양의 묵들이 한 접시에 담겨 있는 모둠 묵 요리를 가져왔다.

정말묵 씨는 젓가락으로 투명한 묵을 집었다. 순간 미꾸라지가 빠져나가듯 묵은 젓가락을 대기만 해도 빠져나갔다. 젓가락은 단면이 원형인 쇠젓가락이었는데, 젓가락질이 서툰 정말묵 씨가 쇠젓가락으로 묵을 집는 것은 여간 힘든 일이 아니었다. 그는 종업원에게 나무젓가락을 가져다 달라고 했다. 하지만 그 식당에는 쇠젓가락밖에 없었다.

결국 쇠젓가락으로 묵을 집으려다가 거듭 실패한 정말묵 씨는 종업원에게 묵을 먹을 수 없으니 음식 값을 낼 수 없다고 했다. 종업원은 정말묵 씨가 묵을 주문했고 묵에 젓가락질을 했으므로 요리 값을 내야 한다고 맞섰다. 이로 인해 이 사건은 물리법정으로 넘어가게 되었다.

음식과 젓가락 사이의 마찰이 작으면
음식은 잘 미끄러지게 됩니다.

여기는 물리법정

미끌미끌한 묵을 둥근 쇠젓가락으로 먹기는 그리 쉬운 일이 아니죠? 그럼 묵 요리 집에서는 어떤 젓가락을 준비해야 할까요? 물리법정에서 알아봅시다.

물리짱 판사

물치 변호사

피즈 검사

피고 측 변론하세요.

우리 과학공화국은 세계에서 유일하게 쇠젓가락을 사용하는 나라입니다. 이웃 국가인 공업공화국이나 농업공화국의 경우는 나무젓가락을 사용하지만, 우리는 전통적으로 설거지가 편리한 쇠젓가락을 사용합니다.
따라서 우리 국민은 어릴 때부터 부모로부터 젓가락질을 철저하게 익히고 있고, 일부 초등학교에서는 젓가락으로 콩 빨리 옮기기 대회를 하는 등 젓가락질에 대한 교육을 하고 있습니다.
또한 묵은 우리 과학공화국 사람이라면 누구나 좋아하는 전통 음식입니다. 대부분의 사람들은 쇠젓가락으로 묵을 먹는데 익숙해져 있습니다. 이번 사건은 정말묵 씨의 젓가락질이 서툴러서 벌어진 사건이므로 묵조아 레스토랑은 아무런 책임이 없다고 주장합니다.

원고 측 변론하세요.

피고 측 변호사의 주장대로 우리 과학공화국만이 쇠젓가락을 사용하는 것은 사실입니다. 그럼 단면이 둥근 쇠젓가락으로 묵을 집을 때 어떤 물리적 현상이 생기는지를 알아보기 위해 젓가락 연구소의 이수저 연구원을 증인으로 요청합니다.

몸매가 젓가락처럼 호리호리한 몸매를 가진 미모의 여성이 증인석에 앉았다.

증인은 젓가락과 음식과의 관계를 연구하고 있죠?

그렇습니다. 저희 젓가락 연구소에서는 여러 종류의 젓가락을 연구하고 있으며, 각각의 음식에 알맞은 젓가락을 추천하고, 차세대 젓가락을 개발하는 일을 하고 있습니다.

쇠젓가락으로 묵을 집을 때 어떤 물리적인 문제점이 있나요?

젓가락은 우선 재질에 따라 분류할 수 있습니다. 가장 많이 쓰이는 재료는 쇠, 나무, 플라스틱과 같은 것이죠. 이중 쇠로 만든 젓가락은 과학공화국에서만 사용하고 있어 다른 공화국 사람들은 쇠젓가락으로 음식을 집을 때 아주 불편해 합니다.

유독 쇠젓가락만이 음식을 집을 때 불편한 이유는 무엇인가요?

음식과 젓가락과의 마찰 때문입니다. 일반적으로 마찰

이 큰 경우, 젓가락에 집힌 음식이 마찰력 때문에 잘 미끄러지지 않습니다. 하지만 쇠젓가락의 경우 나무나 플라스틱 젓가락에 비해 마찰이 작기 때문에 묵과 같은 미끄러운 음식은 젓가락 사이로 미끄러져 빠져나가기 쉽습니다.

그렇다면 쇠젓가락으로 묵을 먹는 것은 상당히 불편하겠군요?

나이가 드신 분들은 쇠젓가락에 익숙하지만 최근 젊은 사람들은 인스턴트 음식이나 양식을 많이 먹는 관계로 젓가락질보다는 포크질이 익숙하여 쇠젓가락으로 미끄러운 묵을 먹기 불편할 것입니다.

묵 요리점에서 쇠젓가락 대신 나무젓가락을 사용하면 되지 않습니까?

나무젓가락은 마찰이 커서 묵을 잘 집을 수 있습니다. 하지만 차가운 음식이므로 쇠젓가락으로 먹으면 묵의 차가운 성질을 그대로 느낄 수 있는 장점이 있습니다.

참 복잡한 문제군요.

하지만 모든 쇠젓가락이 마찰이 작은 것은 아닙니다.

무슨 말이죠?

저희 젓가락 연구소의 연구에 따르면 단면을 네모 형태로 만들면 마찰력을 크게 할 수 있고, 또한 음식과 접촉하는 부분에 꺼끌꺼끌한 홈을 파 넣으면 음식과 닿는 면적이 넓어져 마찰력이 커지게 됩니다. 그러니까 음식물이 젓가락에서 잘 미끄러지지 않습니다.

그렇군요. 존경하는 재판장님. 아무리 우리가 쇠젓가락을 사용하는 유일한 민족이라 하더라도 사람에 따라 젓가락질을 잘 할 수도 있고 못할 수도 있는 것입니다.

특히 미끌미끌한 묵은 젓가락질을 잘하는 사람이라 하더라도 한두 번 놓칠 수 있습니다. 그러므로 마찰이 큰 젓가락을 제공하지 않은 묵조아 레스토랑은 손님들을 위해 식당이 해야 할 물리학적인 편의를 제공하지 않았다고 주장합니다.

원고 측의 변론과 증인의 증언이 일리 있다고 생각합니다. 손님은 돈을 내고 식당에서 음식을 먹으므로 편하게 음식을 먹을 권리가 있다는 점 이해가 갑니다.

하지만 또 한편으로는 쇠젓가락을 사용하는 과학공화국의 국민으로서 조상들의 젓가락질을 제대로 배우지 않아 다른 사람에 비해 젓가락질을 잘 못하는 정말묵 씨에게도 문제가 있다고 생각합니다. 따라서 묵조아 레스토랑은 정말묵 씨에게 음식 값을 변상하고, 정말묵 씨는 한 달 동안 젓가락질 학교에 입학하여 젓가락질에 대한 수련을 할 것을 판결합니다.

재판 후 묵조아 레스토랑은 젓가락 연구소에서 개발한 마찰이 큰 쇠젓가락으로 젓가락을 모두 바꾸었다. 한편 정말묵 씨는 젓가락질 학교에 들어가 매일 오전에는 젓가락으로 콩 나르기를 하고 하루 세 끼를 젓가락으로 잘 집기 힘든 미끌미끌한 반찬을 집는 법을 배웠다. 한 달 후 정말묵 씨는 누구보다도 완벽하게 젓가락질을 하는 사람이 되었다.

열! 어디로 가니?

열은 뜨거운 물체에서 차가운 물체로 흐르는 에너지입니다. 그러면 열은 어떻게 전달될까요? 열이 이동하는 방법에는 전도, 대류, 복사의 세 종류가 있습니다.

우선 열의 전도에 대해 알아보죠. 금속처럼 열이 잘 통하는 고체 물질을 통해 열이 전달되는 것을 열의 전도라고 합니다. 그러니까 식당에서 고기를 굽는 것은 가열된 프라이팬의 열이 고기로 전도되는 것이죠.

열의 대류는 뭘까요? 이것은 주로 액체나 기체 속에서 열이 전달되는 방식이죠. 물을 끓이는 경우를 생각해 봅시다. 이때 냄비가 가열되면 냄비 속 물의 아랫부분은 뜨겁고, 아직 열이 전달되지 않은 위쪽의 물은 차갑습니다.

열을 받은 물 분자는 에너지가 커져 빠르게 움직일 수 있습니다. 또한 뜨거워진 물은 팽창하는데, 이때 질량은 그대로이고 부피만 커지므로 밀도가 작아지게 됩니다. 그러니까 뜨거운 물은 차가운 물보다 밀도가 작아 위로 뜨게 됩니다. 이렇게 위로 올라간 뜨거운 물이 차가운 물 부분에 열을 주어 전체적으로 물 전체를 골고루 따뜻하게 하면서 열을 전달하는 것을 대류라고 하지

요. 그러니까 대류는 분자들이 쉽게 이동할 수 있는 액체나 기체 속에서 주로 이루어집니다.

그렇다면 열의 복사는 무엇일까요? 태양의 뜨거운 열기가 지구로 올 때는 어떤 방법으로 올까요? 태양과 지구 사이에는 아무 물

물을 끓일 때 왜 아랫부분의 물은 뜨겁고 위쪽은 차가울까요?
뜨거운 물은 차가운 물보다 밀도가 작아 위로 뜨게 됩니다.

질도 없잖아요? 그럼 열을 잘 전달하는 금속에 의해 전해지는 것이 아니니까 전도는 아니군요. 또 태양과 지구 사이에는 액체나 기체 상태의 물질이 없으니까 열의 대류도 아니고요. 이렇게 뜨거운 물체와 차가운 물체 사이에서 다른 물질의 도움 없이 직접 열이 이동하는 현상을 열의 복사라고 합니다. 그러니까 태양열이 지구로 오는 것은 복사이지요.

물체를 뜨겁게 가열하면 그때 물체로부터 우리 몸으로 열이 전달됩니다. 이때도 물론 복사에 의한 거죠. 가열된 물체가 점점 뜨거워질수록 물체의 색깔이 빨강에서 파랑, 보라로 변해 갑니다. 그러니까 가열된 물체의 색깔은 복사와 밀접한 관계가 있습니다. 이때 빨간빛보다는 파란빛으로 갈수록 더 많은 복사를 하게 됩니다. 그러니까 더 많은 열을 전달하지요. 그래서 우리는 밤하늘에 보이는 별의 색깔로 그 별의 온도를 알아낼 수 있어요. 베텔규스처럼 붉은빛을 내는 별은 온도가 낮은 별이고, 시리우스처럼 푸른빛을 내는 별은 온도가 높은 별이지요.

제6장

줄다리기에서 이기는 방법은 뭘까

에너지와 구심력_멈춰 버린 롤러코스터

롤러코스터가 제대로 돌아가지 않는 것은 놀이 시설의 문제일까

운동량 보존의 법칙_총보다 무거운 총알

총보다 총알이 무거우면 어떤 일이 벌어질까

땅의 반작용_군화를 신으면 반칙

줄다리기에서 이기는 방법은 없을까

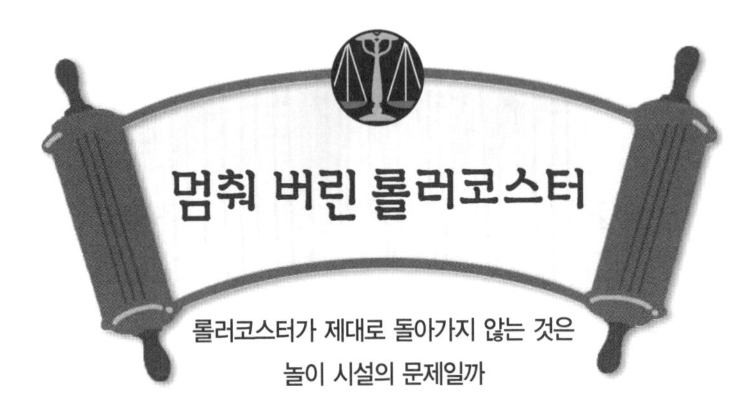

멈춰 버린 롤러코스터

롤러코스터가 제대로 돌아가지 않는 것은
놀이 시설의 문제일까

사건 속으로

과학공화국 남서쪽의 작은 도시인 펄 시티는 어린아이들을 위해 시에서 운영하는 놀이 공원을 만들기로 결정했다. 펄 시티는 데인저 건설에 이 공사를 의뢰했다. 데인저 건설의 아끼구 사장은 조금이라도 공사비를 적게 들여 이윤을 더 많이 남기려고 했다.

그해 어린이날 데인저 랜드라고 부르는 놀이 공원이 탄생했다. 롤러코스터나 바이킹을 한 번도 타 본 적이 없는 펄 시티의 어린아이들은 너무 좋아했다. 아이들은 데인저 랜드에 가

자고 부모님을 졸랐고 많은 가족들이 개장 첫날 데인저 랜드에 몰려들었다.

펄 시티 외곽에서 농사를 짓고 사는 심약해 씨도 아내와 아들과 함께 놀이 공원에 왔다. 마침 펄 시티 시장과 데인저 건설의 사장이 개장 테이프를 끊고 있었다. 심약해 씨 가족은 제일 먼저 놀이 공원으로 들어가 전부터 꼭 타 보고 싶었던 롤러코스터 앞에 줄을 섰다.

심약해 씨 가족은 데인저 랜드의 롤러코스터를 첫 번째로 타는 가족이 되었다. 심약해 씨 가족은 긴장과 두려움 속에 안전벨트를 매고 롤러코스터에 앉았다. 천천히 움직이던 롤러코스터는 가장 높은 위치까지 올라가더니 슈욱 하는 소리와 함께 무서운 속도로 내려가기 시작했다.

여기저기서 탑승객들의 비명 소리가 흘러나왔다. 가장 낮은 지점에 도착한 열차는 원형 궤도로 진입했다. 갑자기 열차가 느려지더니 열차는 원형 궤도의 꼭대기에서 멈춰 버렸다. 탑승객은 나무에 매달려 있는 원숭이들처럼 거꾸로 매달려 있는 열차에서 두려움에 떨었다.

구조대가 올 때까지 심약해 씨 가족과 다른 탑승객들은 두 시간 이상을 거꾸로 매달려 공포에 떨어야 했다. 심한 노이로제에 걸린 탑승객들은 병원에서 치료를 받았고, 특히 심장이 약한 심약해 씨는 퇴원 후에도 후유증에 시달려야 했다.

롤러코스터는 위치에너지를 이용하여
속도를 내는 열차입니다.

이로 인해 심약해 씨는 데인저 건설을 물리법정에 고소했다.

여기는 물리법정

롤러코스터가 원형 궤도에서 멈춰 설 수 있을까요? 물리법정에서 알아봅시다.

피고 측 변론하세요.

롤러코스터는 가장 높은 위치에 올라갔을 때의 위치에너지를 이용하여 속도를 내는 열차입니다. 높은 데 있던 물체가 아래로 떨어지면 점점 빨라집니다. 즉, 속도가 커집니다. 높은 데 있는 물체는 바닥에 있을 때보다 더 큰 위치에너지를 가지는데, 이 물체가 바닥으로 내려오면 물체의 위치에너지는 감소하고 운동에너지가 증가합니다. 운동에너지가 커지면 물체의 속도가 커지게 되므로 열차는 가장 낮은 지점에서 제일 빨라집니다. 이렇게 빨라진 열차는 그 속도가 주는 운동에너지 때문에 원형 궤도를 돌 수 있습니다. 본 변호사가 조사한 바에 의하면, 데인저 랜드의 롤러코스터는 시의 안전 설비 기준을 통과했으므로 원형 궤도를 도는 데는 아무 문제가 없어 보입니다. 아마도 이번 사고의 원인은 탑승자 중 누군가가 떨어뜨린 물건이 열차와 레일 사이에 끼어 열차가 멈춘 것으로 생각됩니다.

물치 변호사. 물건이 끼었다는 증거가 있습니까?

없는데요.

증거도 없이 함부로 얘기하지 마세요. 원고 측 변론하세요.

피고 측 변호사가 주장한 것처럼 물체가 열차와 레일 사이에 낀 흔적은 없었습니다. 이번 사고의 물리학적 원인을 조사한 공원형 박사를 증인으로 요청합니다.

공 모양의 얼굴에 동그란 무테 안경을 쓴 모범생 티가 나는 남자가 증인석에 앉았다.

증인은 이번 사고 현장을 조사했죠?

그렇습니다.

이번 사고의 원인은 무엇이라고 생각합니까?

열차가 가장 높은 지점에 있을 때와 가장 낮은 지점에 있을 때의 높이 차이가 원형 궤도에 비해 너무 작은 것이 이번 사고의 원인이라고 생각합니다.

좀 더 구체적으로 말씀해 주세요.

열차가 원형 궤도를 돌 수 있는가 없는가는, 가장 높은 지점과 낮은 지점의 높이 차와 원형 궤도의 반지름과 관계있다는 것이 물리학에서 잘 알려져 있는 사실입니다. 열차와 레일의 마찰을 무시한다면 열차가 원형 궤도를 돌기 위해서는 높이의 차이가 반지름의 2.5배 이상이 되어야 합니다.

데인저 랜드의 경우는 어떻습니까?

제가 조사해 본 바로는 원형 궤도의 반지름은 10미터였고 높이 차이는 25미터였습니다.

25는 10의 2.5배이니까 열차가 원형 궤도를 돌 수 있는 것 아닌가요?

그것은 마찰이 전혀 없는 이상적인 경우에 그렇습니다. 하지만 열차와 레일 사이의 마찰을 무시할 수 없고, 또한 열차가 움직이는 동안 공기와의 마찰 또한 무시할 수 없습니다. 그러므로 가장 높은 지점의 높이는 마찰이 없을 때 필요한 높이보다 더 높아야 합니다. 그렇지 않으면 열차가 원형 궤도에 진입할 때의 속력이 원형 궤도를 한 바퀴 돌게 할 수 있는 속도가 될 수 없습니다.

존경하는 재판장님. 피고인 데인저 랜드의 아끼구 사장은 다른 롤러코스터보다는 원형 궤도를 크게 만들고 열차가 출발하는 높이는 낮게 만들어 시설비를 줄였습니다. 이 사고는 승객의 안전을 생각해야 하는 놀이 공원에서 물리학적으로 계산되는 안전한 높이로 롤러코스터의 레일을 설계하지 않아 생긴 사고이므로, 데인저 랜드는 이번 사고에 대한 모든 책임을 져야 한다고 생각합니다.

판결합니다. 과학공화국에는 물리를 잘하는 사람들이 많이 살고 있고 데인저 랜드의 직원 중에서도 물리를 잘하는 사람이 있을 것이라고 생각됩니다. 그럼에도 불구하고 롤러코스터와 같이 빠른 속력으로 움직이는 열차의 궤도를 건설할 때 물리학적인 안전 높이를 고려하지 못해 탑승객들에게 심한 공포감을 준 데인저 랜드는 이번 사건에 대한 모든 책임을 져야 할 것입니다.

재판 후 데인저 랜드는 심약해 씨의 가족과 함께 탑승했던 모든 사람들에게 정신적인 위자료와 함께 데인저 랜드의 평생 무료 이용권을 주었다. 또한 데인저 랜드는 놀이 기구 전반에 대한 물리학적인 안전도 검사를 하였고 문제가 된 롤러코스터의 높이는 처음보다 훨씬 높은 높이로 다시 만들어졌다.

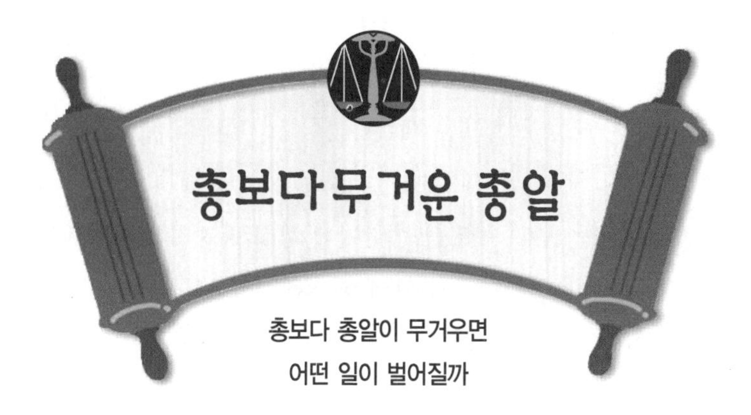

총보다 총알이 무거우면
어떤 일이 벌어질까

사건 속으로

군대에서 사격 교관이었던 한총 씨는 최근에 군 생활을 마치고 집에서 한가로운 나날을 보내고 있었다. 한총 씨는 항상 사격을 못해 손이 근질거렸는데, 마침 마을에 앗조심 사격장이 생겼다는 소문을 듣고 사격장을 찾아갔다. 사격장은 많은 사람들로 붐볐다. 대부분 남자들이었지만 간혹 여자들의 모습도 보였다.

한총 씨는 사격장 주인으로부터 총을 건네받았다. 총은 나무로 만든 것이었는데 군대에서 쓰던 총보다는 훨씬 가벼웠다.

한총 씨는 기대했던 것보다 가벼운 총에 조금 실망했다.

주인은 한총 씨에게 총알 10발을 건네주었다. 실탄을 손에 쥔 한총 씨의 손이 밑으로 축 처졌다. 동네 사격장이라지만 총알이 군대에서 사용하던 것보다 훨씬 더 무겁게 느껴졌다. 가벼운 총과 무거운 총알이 이상하게 여겨졌지만 한총 씨는 오랜만에 총을 쏘는 것에 만족해했다.

한총 씨는 총알을 장전했다. 목표 지점에 있는 동그란 표적을 정확하게 조준하고 방아쇠를 당겼다. 그러자 믿기 힘든 일이 벌어졌다. 총알이 나가는 동시에 총이 무서운 속도로 뒤로 움직여 한총 씨의 얼굴을 강타한 것이다.

한총 씨는 그 자리에서 쓰러졌고, 눈을 떴을 때 그는 병원에 입원해 있었다. 한총 씨는 이 사건이 총의 설계가 잘못됐기 때문에 일어났다며 앗조심 사격장의 주인을 물리법정에 고소했다.

총을 쏠 때 총이 뒤로 튕기는 것은
운동량 보존의 법칙 때문입니다.

여기는
물리법정

총알보다 가벼운 총을 쏘면 총이 뒤로 튕길까요? 물리법정에서 알아봅시다.

물리짱 판사

물치 변호사

피즈 검사

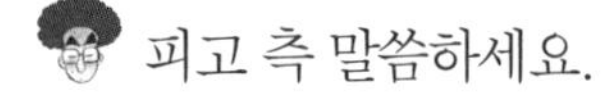

피고 측 말씀하세요.

총알은 보통 단단한 금속으로 만듭니다. 그것은 총알이 빠른 속도로 날아가 목표 지점에 있는 종이에 구멍을 뚫어야 하기 때문입니다. 따라서 앗조심 사격장에서 금속으로 된 무거운 총알을 사용한 것에 대한 잘못이 없고, 힘이 약한 여성이나 어린이가 쉽게 들 수 있도록 가벼운 총을 제작한 것 역시 책임이 없다고 생각합니다. 다만 이 사고는 한총 씨가 총을 어깨에 제대로 붙이지 않고 사격을 했기 때문에 일어난 일이라고 생각합니다.

원고 측 말씀하세요.

총의 물리학에 대한 자문을 구하기 위해 물리총 박사를 증인으로 요청합니다.

물리총 박사가 증인석에 앉았다.

총에서 총알이 나가는 것이 물리와 관련이 있습니까?

물론이죠. 운동량과 관련됩니다.

운동량이 뭐죠?

움직이는 물체의 질량과 속도의 곱을 운동량이라고 합니다. 운동량이 큰 물체와 부딪치면 크게 다칠 수 있죠.

운동량이 크려면 물체가 무겁고 빨라야겠군요.

그렇습니다. 아주 빠르게 달려오는 덩치 큰 미식축구 선수와 부딪치면 그 선수의 운동량이 커서 우리가 크게 다칠 수 있습니다.

총을 쏘면 총이 뒤로 튕기는 것도 운동량과 관련이 됩니까?

물론입니다. 그게 바로 운동량 보존의 법칙이죠. 두 물체가 한 몸을 이루고 있다가 두 물체 중 하나의 물체가 어떤 속도로 튀어 나가는 경우에 처음 두 물체의 운동량의 합은 나중 운동량의 합과 같다는 거죠.

잘 이해가 안 가는군요.

처음에 총알이 나가기 전에는 총알이나 총이 정지해 있었습니다. 즉, 총알과 총의 속도가 0이었죠. 따라서 총알과 총의 운동량이 모두 0이었습니다.

그렇군요. 그럼 총알이 발사되고 나서는요?

그때도 총알의 운동량과 총의 운동량 합이 0으로 유지되어야 해요. 운동량이 보존되어야 하니까요. 그러니까 총알의 운동량과 총의 운동량 합이 0이 되어야죠?

어떻게 두 운동량을 더해서 0이 될 수 있죠?

양수와 음수를 더하면 0이 될 수 있지요. 속도는 방향이 있는 물리량이죠. 총알이 튀어 나가는 방향을 양의 방향이라고 하면 결국 총이 움직이는 방향은 음의 방향이 되니까 총은 총알과 반대 방향으로 움직인다는 거죠.

그렇다면 모든 총은 발사 직후 뒤로 튕기겠군요.

그렇습니다. 하지만 대부분의 경우 총이 총알에 비해 무겁습니다. 그러니까 총알이 튀어 나가는 속도에 비하면 총이 움직이는 속도는 작죠. 그러니까 총이 사람에게 주는 충격은 작습니다.

하지만 이번 사고의 경우처럼 총이 총알에 비해 가벼우면 무거운 총알보다는 가벼운 총이 더 빠르게 움직이게 되죠. 이렇게 빠르게 뒤로 움직이는 총은 총을 들고 있던 사람에게 큰 충격을 줄 수 있습니다.

앗조심 사격장은 운동량 보존 법칙에 의해 총알보다 총을 무겁게 만드는 것을 이해하지 못하고 이런 어처구니 없는 총을 만들었습니다. 물리학적으로 무식한 총 설계에 의해 이번 사고가 일어난 만큼 앗조심 사격장은 한총 씨의 부상에 모든 책임이 있다고 주장합니다.

판결합니다. 이번 사고는 운동량 보존 법칙으로 설명할 수도 있고 질량에 따른 물체의 관성으로도 설명할 수 있습니다. 똑같은 힘을 받더라도 가벼운 물체는 빠르게 움직이지만 무거운 물체는 원래의 상태를 고집하는 관성이 커서 잘 안 움직이려고 합니다.
총알과 총의 관계도 이와 같다고 볼 수 있습니다. 보통 가벼운 총알은 관성이 작아 잘 움직이고, 무거운 총은 관성이 커서 잘 움직이지 않습니다. 하지만 이번 사건의 경우 잘 움직여야 하는 총알은 무겁게 만들고, 잘 움직이지 말아야 하는 총은 가볍게 만들어, 총알이 나가는 순간 총이 아주 빠르게 뒤로 튕겨 나가 한총 씨가 부상을 입었습니다.
따라서 총과 총알의 무게를 거꾸로 준비한 앗조심 사격장은 이 사고에 대한 책임이 있다고 봅니다.

재판이 끝난 후 앗조심 사격장의 총은 모두 길고 무거운 총으로 바뀌고 총알은 전보다 가벼운 총알로 바뀌었다. 사람들은 총을 들 때 총의 무게가 버겁기는 했지만 사격 후 총이 뒤로 밀리지 않아 안전하게 사격을 할 수 있었다.

사건 속으로

과학공화국 남부의 작은 도시인 민군시는 두 개의 마을로 이루어져 있다. 위쪽 마을은 군대를 면제 받은 사람들이 모여 사는 민방위 마을이고, 아래쪽은 군대를 갔다 온 사람들이 모여 사는 예비군 마을이다.

두 마을 사람들은 서로 만나기만 하면 싸울 정도로 사이가 안 좋았는데, 그것은 예비군 마을 사람들이 민방위 마을 사람들에게 남자답지 못하다고 놀려 댔기 때문이었다.

민군 시장은 어떻게 하면 두 마을 사람들을 화해시킬까 궁리하다가 두 마을의 친선 체육대회를 열기로 하였다. 그리하여 민방위 마을과 예비군 마을의 제1회 정기 체육대회가 열렸다. 대회는 어느 한쪽도 기울어지지 않을 만큼 팽팽한 접전이 벌어졌는데, 어떤 종목은 민방위 마을이 이기고 어떤 종목은 예비군 마을이 이겨 마지막 경기인 줄다리기에 의해 우승이 결정되는 상황이 되었다. 두 마을 사람들은 서로 승리를 장담했다. 줄다리기는 각 팀의 대표 20명씩을 뽑아 대결하기로 하였는데, 민방위 마을에는 체중 초과로 군대를 면제 받은 사람도 있었기 때문에 예비군 마을의 승리를 장담할 수는 없었다.

두 팀이 등장했다. 민방위 마을 사람들은 운동화를 신었고, 예비군 마을 사람들은 모두 군화를 신고 있었다. 호각 소리와 함께 두 마을 사람들은 힘차게 줄을 잡아당겼다. 줄 사이에 꽂아 둔 깃발이 예비군 마을 쪽으로 움직여 가고 있었다. 예비군 마을의 승리였다.

줄다리기에 져서 우승을 놓친 민방위 마을 사람들은 군화를 신고 줄다리기를 하는 것은 반칙이라며 예비군 마을 사람들을 물리법정에 고소했다.

줄다리기에서 줄을 당기는 힘은 같습니다.
이것은 바닥의 반작용과 관계가 있습니다.

여기는 물리법정

과연 군화를 신고 줄다리기를 하면 유리할까요? 물리법정에서 알아봅시다.

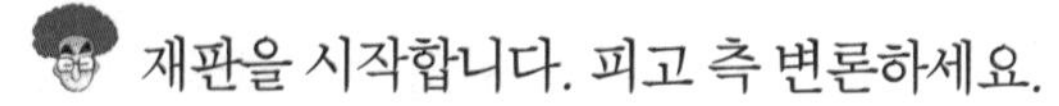

재판을 시작합니다. 피고 측 변론하세요.

줄다리기 경기는 줄을 얼마나 큰 힘으로 잡아당기는가에 승부가 달려 있는 경기입니다. 그러므로 어떤 신발을 신었는가는 경기 결과에 영향을 주지 않는다고 생각합니다. 따라서 군화를 신은 것이 반칙이라고 주장한 원고 측 주장은 물리학의 원리에 맞지 않는다고 생각합니다.

원고 측 변론하세요.

피고 측 변호사는 정말 물짱이군요. 줄다리기의 물리학을 알아보기 위해 전통 줄다리기 연구회 소속의 댕겨남 씨를 증인으로 요청합니다.

하얀 한복을 입은 댕겨남 씨가 증인석에 앉았다.

증인은 줄다리기에 대한 물리를 연구한다고 하는데 사실입니까?

물론입니다.

줄다리기는 어떻게 해서 승부가 갈리게 됩니까?

흔히들 줄다리기는 줄을 당기는 힘이 센 팀이 이기는

것으로 알고 있지만 사실 두 팀이 줄을 당기는 힘은 정확하게 같습니다.

그건 왜죠?

만일 줄을 당기는 힘에 차이가 난다면 줄은 더 큰 힘을 받는 쪽으로 늘어나게 될 것입니다. 하지만 줄다리기에서 줄은 늘어나지 않습니다. 이것은 줄을 당기는 힘과 줄의 장력이 평형을 이루기 때문입니다. 줄을 당기면 안쪽 방향으로 향하는 장력이 생깁니다. 이때 오른쪽 팀이 줄을 잡아당기는 힘이나 왼쪽 팀이 줄을 잡아당기는 힘은 모두 줄의 장력과 같아집니다. 따라서 두 팀이 줄을 잡아당기는 힘은 같죠.

그럼 어떤 차이 때문에 승부가 나는 거죠?

선수들이 바닥을 어떤 힘으로 밀면, 바닥도 그와 똑같은 힘을 선수들에게 작용하죠. 그러니까 바닥을 세게 밀면 밀수록 바닥이 선수를 세게 밀어 선수들이 뒤로 밀려날 수 있고 이 힘 때문에 상대편 선수들이 끌려오게 됩니다.

작용과 반작용의 원리이군요.

그렇습니다. 선수의 발이 바닥을 미는 힘이 작용이고, 바닥이 선수를 뒤로 미는 힘이 반작용이지요.

이 힘이 신발과 관계있습니까?

실험을 해 보죠.

댕겨남 씨는 어린아이에게 군화를 신기고 피즈 변호사의 구두를 비닐로 덮은 다음 두 사람에게 줄다리기를 시켰다. 놀랍게도 피즈 변호사가 어린아이 쪽으로 끌려가고 있었다.

이게 어찌된 일이죠? 제가 저렇게 어린아이에게 지다니요?

변호사님의 구두를 비닐로 덮었기 때문입니다. 줄다리기에서 바닥이 선수를 미는 힘은, 바닥과 선수의 발 사이의 마찰력과도 관계있습니다. 마찰이 클수록 바닥이 선수를 뒤로 미는 힘이 강해져서 줄다리기에서는 유리하지요.
방금 실험에서처럼 구두를 비닐로 덮으면 비닐과 바닥 사이의 마찰이 작아져서 바닥이 변호사님을 미는 힘이 작아지죠. 그래서 변호사님이 어린아이 쪽으로 움직여 가는 것입니다.

그럼 일반 신발보다 군화의 경우 잘 안 미끄러지니까 유리하겠군요.

그렇습니다.

예비군 마을 사람들은 승부에 집착한 나머지 바닥과의 마찰이 큰 군화를 신었고, 이로 인해 민방위 마을을 이길 수 있었습니다. 그러므로 두 팀은 같은 조건에서 경기를 치렀다고 볼 수 없습니다.
그러니까 바닥이 선수들을 뒤로 미는 힘 역시 군화를 신었는가 운동화를 신었는가에 따라 다르다고 볼 수 있습니다. 그러므로 이 경기는 공평한 조건에서 이루어지지 않았다고 판단합니다.

모든 경기는 공평해야 하고 그러기 위해서는 모든 팀에 공평한 조건이 적용되어야 합니다. 예비군 마을 사람들이 군화를 신고 줄다리기를 하면 바닥을 미는 힘이 같은 조건에서 더 세지므로 바닥이 예비군 마을 사람을 뒤로 미는 힘 역시 더 세집니다.

따라서 예비군 마을 사람들에게 유리한 경기였다는 것이 본 판사의 생각입니다. 그러므로 이번 대회의 줄다리기 경기는 공평한 조건에서 재경기가 치러질 것을 판결합니다.

재판이 끝나고 두 마을 사람들은 줄다리기 재경기를 치렀다. 이때 양 팀 선수들은 모두 맨발이었다.

운동량이 충격적

누군가가 손으로 튕긴 고무줄에 맞으면 아프죠? 고무줄은 가벼운데 왜 아플까요. 그건 바로 튕겨진 고무줄의 속도 때문이지요.

물체가 움직이고 있을 때 물체의 질량과 속력을 곱한 것을 운동량이라고 부릅니다. 그러니까 고무줄의 질량은 작지만 속력이 크기 때문에 운동량이 큰 것이죠.

아무리 무거운 비행기도 정지해 있을 때는 운동량이 0이 됩니다. 정지해 있으면 속력이 0이니까요. 그러니까 움직이는 물체는 질량만으로 다룰 수 없고 질량과 속력을 모두 고려해야 합니다.

● 충격! 충격력

이번에는 충격량에 대해 알아봅시다. 계란을 낮은 데서 떨어뜨리면 안 깨지죠? 하지만 계란을 높은 데서 떨어뜨리면 깨집니다.

그 이유가 뭘까요? 계란이 높은 데서 떨어지면 속력이 커지니까 계란의 운동량이 커지게 됩니다. 이렇게 운동량이 커지면 바닥에 큰 충격을 주게 되는데, 이때 바닥에 작용하는 힘을 충격력이라고 부릅니다.

그런데 계란을 높은 데서 푹신한 솜에 떨어뜨리면 안 깨지는

높은 데서 떨어진 물건에 맞으면 왜 아플까요?
물건이 높은 데서 떨어지면 속력이 커져서 운동량이 증가하기 때문이에요.

이유는 뭘까요? 충격력은 충돌에 걸린 시간이 짧을수록 큽니다. 그런데 푹신한 솜과 충돌할 때는 충돌에 걸린 시간이 길어지니까 충격력이 작지요. 그래서 작은 충격력을 받은 계란은 깨지지 않는 거예요.

사람도 높은 곳에서 떨어질 때 푹신한 모래사장에 떨어질 때와 단단한 바닥에 떨어질 때에 따라 충격력이 다릅니다. 그래서 건

물에 화재가 났을 때 사람들이 뛰어내려도 다치지 않게 커다란 에어 매트를 설치하는 거죠.

자동차의 에어백도 충격력을 줄이기 위해 고안된 장치입니다. 자동차는 매우 빠른 속도로 달리기 때문에 그런 속도에서 다른 물체와 충돌하면 자동차에 탄 사람의 운동량의 변화가 커지게 됩니다. 그로 인해 아주 빠른 속도로 핸들이나 유리창에 부딪치게 되는데, 그때 에어백이 터지면 충돌에 걸리는 시간을 길게 해 주기 때문에 작은 충격력을 받게 되는 것입니다.

사람도 지붕에서 뛰어 내릴 때 바닥에 닿는 순간 천천히 주저앉으면 충격이 작용하는 시간을 길게 하여 발바닥이 받는 충격력을 줄일 수 있습니다.

제7장

번개가 칠 때 축구 하면 위험할까

비스듬히 던진 물체의 거리_농구의 노스트라다무스

숫을 던지자마자 골인인지 아닌지를 알 수 있을까

전기가 잘 통하는 물_공포의 번개 축구장

번개가 칠 때 축구하면 위험할까

구심력의 원리_몸무게로 누른다

코너를 돌 때 안쪽이 유리할까 바깥쪽이 유리할까

농구의 노스트라다무스

숏을 던지자마자 골인인지
아닌지를 알 수 있을까

사건 속으로

과학공화국에 겨울이 찾아왔다. 스포츠를 좋아하는 과학공화국 국민들 사이에서 가장 인기 있는 프로 농구의 시즌이 시작되었고, 방송사마다 앞다퉈 농구 중계를 시작했다.

시청자들은 해설자의 입담이 좋은 방송사의 중계를 주로 시청했는데, 과학공화국에서는 스포츠 전문 방송인 SBC와 농구 중계 전문 방송사인 BBC가 농구 중계로 유명했다. 초대형 방송사인 SBC는 막강한 자본을 앞세워 가장 말솜씨가 좋은 한농구 씨를 해설자로 내세웠다.

시즌이 시작되고 한농구 씨의 재치 있는 해설 덕에 시청률은 SBC가 40%인 데 반해, BBC의 시청률은 5%에 불과했다. 모든 광고주들이 SBC의 농구 중계에 광고를 내려고 했다. 이제 농구 중계는 SBC의 단독 중계나 다름없어 보였다.

그러던 어느 날 BBC의 농구 중계에 새로운 해설자인 골노골 씨가 등장했다. 그는 선수가 공을 던진 순간에 그 공이 골인이 될 것인지 노골이 될 것인지를 시청자들에게 먼저 알려주었다.

골노골 씨가 골인이라고 말하면 공은 여지없이 골대 속으로 들어갔고, 그가 노골이라고 말하면 공은 골대를 맞고 튀어나와 노골이 되었다. 사람들은 골노골 씨의 믿기지 않는 예언 능력을 눈으로 확인하기 위해 BBC 농구 중계에 시선을 고정했다.

골노골 씨가 농구 해설을 맡은 지 2주일 후, 두 방송사 간의 시청률은 역전되었다. SBC의 시청률이 1%로 떨어지고 BBC의 시청률이 50%에 가까워졌다.

광고주들은 BBC의 농구 중계에 몰리기 시작했다. 이에 SBC는 BBC의 골노골 씨가 국민들에게 사기 행위를 하고 있다며 그를 물리법정에 고소했다.

공이 골대를 향해 어떻게 날아가는가는

공의 속력과 날아가는 각도에 의해 정확히 결정됩니다.

여기는 물리법정

골노골 씨는 어떻게 슛을 던지는 순간 그것이 골인인지 아닌지를 알 수 있었을까요? 물리법정에서 알아봅시다.

 원고 측 변론하세요.

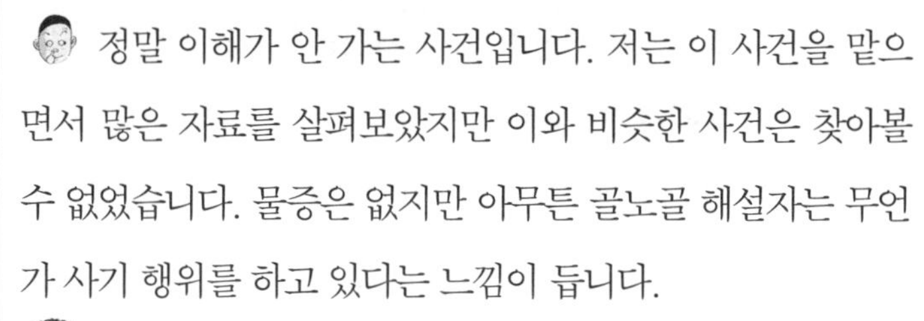

정말 이해가 안 가는 사건입니다. 저는 이 사건을 맡으면서 많은 자료를 살펴보았지만 이와 비슷한 사건은 찾아볼 수 없었습니다. 물증은 없지만 아무튼 골노골 해설자는 무언가 사기 행위를 하고 있다는 느낌이 듭니다.

물치 변호사! 지금 그걸 변론이라고 하는 겁니까?

정말 모르겠는데 어떡합니까?

한심한 변론이군! 그럼 피고 측 변론하세요.

재판장님! 물치 변호사의 무식함을 용서해 주십시오. 제가 깔끔하게 변론을 하겠습니다.

피즈 변호사만 믿겠소.

본 사건에서 우리는 골노골 해설자가 농구에서 슛을 던진 순간에 그 공이 골인이 될 것인지 노골이 될 것인지를 알아맞히는 능력에 대해 그 행위가 사전에 조작된 사건인지 아니면 물리학적으로 설명될 수 있는 일인가를 조사하는 데 초점을 맞추어야 합니다. 과연 그런 일이 가능한가를 알아보기 위해 골노골 해설자를 증인으로 채택합니다.

얼굴이 농구공처럼 동그랗게 생긴 골노골 해설자가 증인석에 앉았다.

증인은 지금까지 농구 해설을 하면서 선수가 던진 공이 골인인지 아닌지를 정확하게 맞혔죠?

그렇습니다.

그것이 가능한 일입니까?

제가 개발한 장치를 쓰면 100% 정확하게 맞힐 수 있습니다.

어떤 장치죠?

공개하고 싶지 않았는데 어쩔 수 없군요. 선수가 공을 던지는 순간 공과 골대 사이의 거리와 공으로부터 골대까지의 높이가 정확하게 결정되어 있습니다. 공이 골대를 향해 어떻게 날아가는가는 공이 날아가는 순간 공의 속력과 날아가는 각도에 의해 정확하게 결정됩니다.

그게 무슨 말이죠?

일반적으로 수평 방향과 일정한 각도를 이루면서 던져진 물체는 처음 던져질 때의 속력에 따라 공이 날아간 거리가 달라지죠.

어떻게 다르죠?

빨리 던질수록 멀리 날아가죠.

공을 던진 속력하고만 관계있나요?

아닙니다. 같은 속력으로 던진다 해도 수평면과 이루는 각도에 따라 공이 날아간 거리가 달라집니다. 예를 들어 공을 수평면과 45도 각도로 던질 때 공은 가장 멀리 날아갑니다. 45도보다 커지거나 45도보다 작아지면 공은 보다 짧은 거리를 날아가게 됩니다.

그러니까 공이 선수의 손을 떠나는 순간 공의 속력과 공이 수평면과 이루는 각도를 알면 공이 얼마나 멀리 날아가는가를 알 수 있겠군요.

그렇습니다. 제가 개발한 장치는 선수가 공을 던지는 순간 공의 속력과 각도, 공과 골대 사이의 거리를 관측하여 공이 골대 안으로 들어가는지 아닌지를 알려 주는 장치입니다.

존경하는 재판장님. 위로 던져진 물체는 지구의 중력 때문에 모두 땅에 떨어집니다. 농구 선수가 던진 농구공도 마찬가지입니다.

이 공이 골대 안으로 들어가서 바닥에 떨어지는가 아니면 골대로 들어가지 않고 바닥에 떨어지는가는 선수의 손을 떠나는 순간 공의 속력과 각도에 의해 정확하게 결정됩니다. 이것이 바로 물리학의 힘입니다.

피고 골노골 해설자는 물리학의 법칙을 이용하여 공의 초기 조건을 관측하는 장치를 만들었고, 관측된 초기 조건을 컴퓨

터에 입력하면 물리 공식에 따라 골인인지 아닌지를 정확하게 알려 주는 그런 장치를 개발한 것입니다. 이것은 농구의 골과 물리학이 밀접하게 관련이 있다는 것을 알려 주는 예가 되므로 물리와 스포츠를 좋아하는 국민들에게 물리를 더욱 좋아할 수 있게 하는 바람직한 영향을 끼쳤다고 생각합니다. 그러므로 피고인 골노골 씨의 골과 노골을 예언하는 해설 방식은 사기 행위가 아니라 물리학적으로 올바른 해설이므로 피고의 무죄를 주장합니다.

판결합니다. 물리학의 법칙에 따라 선수가 던진 공이 골인이 될 것인지 노골이 될 것인지를 맞힐 수 있다는 점 인정합니다. 그러므로 피고 골노골 씨의 해설이 물리학적으로 옳은 해설이라는 점 또한 인정합니다.

하지만 스포츠를 구경하는 관객은 예측 불허의 상황에서 기적적으로 연출되는 상황을 더 좋아할 것입니다.

가령 농구에는 버저 비터라는 것이 있습니다. 그러니까 경기 종료를 알리는 버저 소리와 함께 날아간 공이 골인되어, 지고 있던 경기에서 이기는 골을 말합니다. 만일 버저 비터가 날아간 순간, 골노골 해설자가 '노골이군요' 라고 미리 말한다면 시청자들은 얼마나 허탈하겠습니까?

그러므로 골노골 씨의 해설 방식이 이 나라의 농구 붐을 조성하는 데 역행한다고 생각합니다. 그러므로 골노골 씨가 고안한 장치는 농구 연습에는 사용하되 농구 중계에는 사용할 수 없음을 판결합니다.

재판이 끝난 후 골노골 씨는 더 이상 자신이 발명한 골인 판정 기계를 사용하지 않았다. 하지만 여전히 그의 해설은 인기를 끌었다.
그가 발명한 골인 판정 기계는 특허를 따냈고, 농구 팀마다 선수들에게 3점 슛을 연습시킬 때 큰 도움이 되었다. 그 기계 덕분에 과학공화국의 농구 수준은 몰라보게 높아졌고, 세계 농구 대회에서 과학공화국이 처음으로 우승하는 쾌거를 이루었다.

사건 속으로

최근 과학공화국의 프로 축구에서는 일렉스 팀과 마그넷 팀이 항상 결승에서 맞붙었다. 그것은 다른 팀들에 비해 이 두 팀에 실력 있는 선수들이 많았기 때문이다.

올해에도 두 팀이 프로 축구의 챔피언을 놓고 결승전에서 맞붙었다. 두 팀의 서포터즈들이 축구장을 가득 메웠고 이 경기를 시청하기 위해 수많은 사람들이 TV 앞에 몰리는 바람에 거리에는 인적이 드물고 차도 거의 보이지 않았다. 그 정도로 두 팀의 결승전은 항상 어느 팀이 이길지 모를 정도로

흥미진진한 경기였다.

드디어 킥오프되고 두 팀의 경기가 시작되었다. 전반 44분 오른쪽을 파고들던 마그넷 팀의 페라이트 선수가 문전으로 올려 준 공을 마그넷 팀의 장신 공격수 파라 선수가 헤딩! 공은 일렉스 골키퍼 잘자봐의 손을 스치면서 골대 안으로 빨려 들어갔다. 1:0으로 마그넷 팀이 앞서기 시작했다. 마그넷 팀의 서포터즈들의 응원이 더욱 거세졌다.

그때 갑자기 천둥소리가 나더니 하늘이 온통 먹구름으로 뒤덮였다. 번개가 치면서 엄청난 폭우가 쏟아졌다. 잠시 후 전반 종료를 알리는 심판의 휘슬이 울렸다.

폭우와 번개는 점점 더 거세져 관중들은 공포에 떨기 시작했다. 대회운영위원회는 양 팀의 감독을 불러 후반전을 계속할 것인지 아니면 이 경기를 무효로 하고 내일 재경기를 치를 것인지에 대해 논의하였다. 1:0으로 이기고 있는 마그넷 팀이 후반전을 강행하자고 주장하여 번개가 내리치는 폭우속에서 후반전이 이어졌다.

양 팀 선수들은 번개가 칠 때마다 깜짝깜짝 놀라면서 엄청난 폭우로 앞이 잘 안 보이는 축구장을 이리저리 뛰어다녔다. 잠시 후 커다란 번개가 치더니 갑자기 그라운드에 있던 선수들이 감전되어 바닥에 쓰러졌다. 경기는 중단되고 선수들은 모두 병원에 실려 갔다.

물은 전기가 잘 통합니다.

번개가 칠 때 어떤 위험이 있는지 알아봅시다.

일렉스 팀은 번개가 심하게 치는 데도 경기를 계속하자고 우긴 마그넷 팀 때문에 선수들이 다쳤다며 마그넷 팀을 물리법정에 고소했다.

여기는 물리법정

번개가 치면 엄청난 전기가 흐를 수도 있는데 축구 경기를 계속하는 것이 옳았을까요? 물리법정에서 알아봅시다.

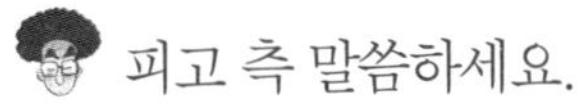

피고 측 말씀하세요.

축구는 다른 경기와 달리 남성적인 경기입니다. 최근에는 여자 축구 경기도 있지만 뭐니뭐니해도 진짜 축구는 남자 축구라고 생각합니다.

재판장님 이의 있습니다. 지금 피고 측 변호사는 여성 비하 발언을 하고 있습니다.

인정합니다. 피고 측 변호사는 여자들에게 혼날 말은 하지 마세요.

저는 축구 선수가 얼마나 용감한지를 얘기하기 위해 그런 발언을 했던 것입니다. 아무튼 그 부분은 사과하겠습니다. 이런 역사적 상황에서 볼 때 축구 경기는 어떤 악조건 속에서도 치러져 왔습니다. 후끈 달아오른 사막의 경기장에서 낮 경기가 치러졌고, 축구인지 수구인지 구별이 안 될 정도로 운동장에 물이 가득 고여도 축구 경기는 중단 없이 치러졌습니다. 이런 점을 생각한다면, 이번 경기는 우연히 번개에 의해 선수들이 피해를 입은 사건이므로 천재지변에 해당하는 사건이지 경기를 계속하자고 주장한 마그넷 팀 때문에 일어난 사건은 아니라고 봅니다.

원고 측 변론하세요.

피고 측 변호사의 말처럼 축구 경기가 악천후 속에서 많이 진행되었다는 점은 저도 인정합니다. 하지만 번개가 치는 경우 어떤 위험이 있을 수 있는지를 알아보기 위해 번개 전기 전문가인 앗쇼크 박사를 증인으로 요청합니다.

머리에 번개를 맞은 것 같은 머리를 한 50대 중반의 남자가 증인석에 앉았다.

증인은 번개의 전기를 연구하는 전문가지요?

그렇습니다.

그럼 이번 사고처럼 번개로 인해 운동장의 축구 선수들이 감전이 될 수 있습니까?

물론입니다. 번개는 구름에 엄청나게 많은 자유전자들이 모이기 때문에 생기는 현상입니다. 그러니까 구름의 아래쪽이 음의 전기를 띠어 구름과 마주 보고 있는 땅바닥은 양의 전기를 띠게 됩니다. 이때 양의 전기를 띤 땅바닥은 음의 전기를 띤 전자에게 내려오라고 꼬이게 되죠.

왜 꼬이죠?

변호사님은 남자를 좋아합니까, 여자를 좋아합니까?

그야 뭐… 여자죠.

전기도 마찬가지입니다. 양의 전기는 음의 전기를 좋아해서 달라붙고, 같은 양의 전기끼리는 밀쳐 내는 성질이 있습니다. 그러니까 구름에 있던 전자들이 땅으로 쏟아져 내려오게 되는데 그게 바로 번개입니다.

그것과 선수들의 감전과는 무슨 관계가 있죠?

운동장에는 빗물이 고여 있었고 운동장의 둘레에는 금속 광고판들이 있습니다. 번개가 금속광고판에 부딪치면 금속 광고판에 몰려든 전자들이 물을 통해 운동장으로 전달됩니다. 물은 전기가 잘 통하니까요. 그럼 물에 잠겨 있는 선수들의 몸을 통해 강한 전류가 흐르게 됩니다. 이로 인해 선수들이 전기 충격을 받아 쓰러질 수 있습니다.

물이 고여 있는 운동장에서 번개가 칠 때 경기를 하는 것은 매우 위험하다는 얘기군요. 재판장님, 지금 증인의 말처럼 번개의 전기가 운동장의 물을 통해 선수들의 몸에 흘러 선수들의 부상을 가져올 수 있는 상황에서 경기를 강행하자고 우긴 마그넷 팀은 책임을 면할 수 없다고 생각합니다.

그러므로 마그넷 팀의 유죄를 주장합니다.

판결합니다. 번개의 전기는 건전지에 의한 전기와는 비교할 수 없을 정도로 크다는 것은 잘 알려져 있는 사실입니다. 건전지를 혀에 대기만 해도 혀가 따가울 정도의 전기 충격을 느끼는데, 번개에 의한 전기는 우리 인간의 몸에 치명적인 영향을 줍니다.

이 점을 사전에 알지 못하고 경기를 강행하자고 우긴 마그넷 팀에게 이번 사고의 책임을 묻지 않을 수 없습니다. 앞으로 이러한 사고를 방지하기 위해 번개가 칠 때 축구 경기를 금지하며 현재의 금속 광고판을 모두 전기가 통하지 않는 나무 광고판으로 교체할 것을 판결합니다.

재판이 끝난 후 과학공화국 축구 협회는 번개가 칠 때 축구 금지 조항을 신설하여 모든 축구 팀에 알렸고, 모든 축구장에서 더 이상 금속 광고물을 볼 수 없었다.

코너를 돌 때 안쪽이 유리할까
바깥쪽이 유리할까

사건 속으로

가볍스 군은 스피드 스케이팅 선수인데 다른 선수들에 비해 몸무게가 가벼웠다. 하지만 그는 코너워크가 좋아 100미터보다는 200미터처럼 회전 구간이 있는 경기에서 좋은 성적을 냈다.

과학공화국 올림픽 스피드 스케이팅 200미터 결승전. 예상대로 가볍스 선수는 결승전에 올랐다. 그와 결승전을 치를 선수는 스피드 스케이팅 선수치고는 몸집이 씨름 선수만한 무겁스 선수였다. 두 선수는 레인 결정을 위해 추첨을 했다.

추첨 결과 가볍스 선수는 안쪽 레인을, 무겁스 선수는 바깥쪽 레인으로 결정되었다.
곡선 구간에서 안쪽 레인의 거리가 더 짧아 바깥쪽 레인을 달리는 무겁스 선수가 앞에서 출발하였다. 드디어 탕 소리와 함께 두 선수는 맹렬한 스피드를 내며 빙판 위를 달리기 시작했다. 그날 따라 빙판이 무척 단단해 미끄러웠다. 하지만 코너워크에 자신이 있는 가볍스 선수는 이를 대수롭지 않게 여겼다.
무겁스 선수가 먼저 곡선 구간에 도착하여 안정된 자세로 돌기 시작했다. 자신이 조금 늦었다고 생각한 가볍스 선수는 곡선 구간에 도착하자마자 좀 더 스피드를 내며 코너를 돌기 시작했다.
그날따라 빙판이 단단한 탓에 잠시 가볍스 선수의 몸 균형이 깨지더니 이내 밖으로 밀려나 벽과 충돌했다. 그 사이에 무겁스 선수는 골인했다. 무겁스 선수의 우승이었다.
한편 경기를 마친 가볍스 선수는 빙판에서 회전을 하는 경우 안쪽을 돌 때가 바깥쪽을 돌 때보다 더 잘 미끄러지므로, 이 경기는 공정하지 못하므로 재경기를 치러야 한다고 주장했다. 그러나 대회운영위원회는 가볍스 선수의 주장을 받아들이지 않았다. 결국 이 사건은 물리법정으로 넘어갔다.

안쪽 레인을 도는 경우 더 큰 구심력이 필요합니다.
이때 커브를 도는 선수의 마찰력이 중요합니다.

여기는 물리법정

가볍스 선수가 미끄러진 것이 안쪽 레인을 돌았기 때문일까요? 물리법정에서 알아봅시다.

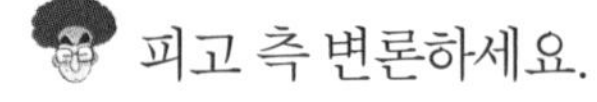

피고 측 변론하세요.

대회운영위원회의 변론을 맡은 물치 변호사입니다. 육상이나 스케이팅은 같은 거리를 얼마나 빨리 움직이는가를 따지는 경기입니다. 그러니까 속력이 가장 큰 사람이 이기는 것이죠. 이때 선수들은 같은 거리를 움직이기 때문에 시간이 적게 걸릴수록 속력이 더 큽니다. 이번 대회에서 가볍스 선수와 무겁스 선수는 정확하게 같은 거리를 달렸고 가볍스 선수가 도중에 넘어져서 무겁스 선수가 먼저 골인했으므로 무겁스 선수의 우승은 당연하다고 생각합니다. 그러므로 원고의 주장은 근거가 부족하다고 주장합니다.

원고 측 변론하세요.

피고 측 변호사는 물리량 중에서 속력만 알고 있는 것 같군요. 물론 직선 경로를 달리는 경우는 피고 측 변호사의 주장대로 어느 레인을 달리는가는 승부에 영향을 주지 않을 것입니다. 하지만 이번 대회처럼 곡선 구간을 달려야 하는 경우는 상황이 다릅니다. 곡선 구간을 달릴 때 물리학적으로 어떤 것이 다른지를 알아보기 위해 곡선 대학 물리학과 커브스 교수를 증인으로 요청합니다.

꼬불꼬불한 라면 머리에 빨간 나비넥타이를 한 50대 후반의 남자가 증인석에 앉았다.

증인의 연구 분야를 말씀해 주세요.

저는 곡선 구간을 움직이는 물체의 운동에 대해 평생 연구하고 있습니다.

곡선을 따라 움직일 때와 직선을 따라 움직일 때 물리학적으로 크게 달라지는 것이 있습니까?

물론입니다. 직선을 따라 움직일 때는 오로지 속력만 따지면 됩니다. 하지만 곡선을 따라 돌기 위해서는 구심력이라는 힘을 가져야 곡선을 따라 돌 수 있습니다.

구심력이 뭐죠?

물체가 원운동을 할 수 있게 하는 힘입니다. 돌멩이를 줄에 매달에 돌리면 돌멩이가 빙글빙글 돌아갑니다. 이것은 돌멩이가 원운동을 할 수 있게 하는 구심력이 있기 때문입니다. 이때 구심력은 물론 줄의 장력입니다.

구심력은 원운동을 하기 위한 힘이 아닌가요? 곡선을 따라 물체가 움직이는 것도 원운동입니까?

곡선을 따라 돈다는 것은 원운동의 일부를 경험하는 것입니다. 즉, 커브가 급하다는 것은 반지름이 작은 원운동을 경험하는 것이고, 커브가 완만하다는 것은 반지름이 큰 원운동을 하는 것이죠.

스케이트로 얼음판을 돌 때도 구심력이 있어야 돌 수 있겠군요.

물론이죠. 이때의 구심력은 바로 얼음과 스케이트 사이의 마찰력입니다. 이때 마찰력은 선수의 무게에 비례합니다.

그럼 가볍스 선수에 작용하는 마찰력이 작겠군요.

물론입니다. 가볍스 선수가 무겁스 선수에 비해 몸무게가 적게 나가니까요.

마찰력이 작으면 빙판을 돌다가 밖으로 밀려날 수 있습니까?

그렇습니다. 마찰력이 구심력의 역할을 하는데 커브를 돌 때의 구심력은 커브의 반지름이 작을수록 커지게 됩니다. 그러니까 안쪽 레인을 도는 경우가 더 큰 구심력을 필요로 하죠.

그럼 안쪽 레인을 도는 선수의 마찰력이 커야겠군요.

그렇죠. 만일 안쪽 레인을 도는 선수의 마찰력이 커브를 돌게 하는 구심력을 만들어 내지 못하면 선수는 더 이상 원운동을 못하고 밖으로 밀려나게 됩니다.

존경하는 재판장님. 스케이트 경기에서 커브 구간이 있는 경우, 안쪽 레인을 돌기 위해 필요로 하는 구심력이 바깥쪽 레인에 비해 더 크다는 것은 물리학에서 잘 알려진 일입니다. 그러므로 무게가 작아 마찰력이 작은 가볍스 선수는 안쪽 레인을 빠르게 돌다가 충분한 구심력을 만들지 못해 레인에서 밀려나 벽에 충돌했다고 보입니다.
만일 가볍스 선수가 바깥쪽 레인을 따라 돌았다면 바깥쪽 레인의 반지름이 커서 커브를 도는 데 필요로 하는 구심력이 작으므로 가볍스 선수의 마찰력으로 구심력을 만들어 낼 수 있었을 것입니다. 따라서 레인의 배정이 안쪽이냐 바깥쪽이냐에 따라 선수가 미끄러지는지 잘 안 미끄러지는지는 달라질 수 있다고 여겨지므로 이번 결승전은 공정한 시합이 아니라고 생각합니다.
판결합니다. 안쪽 레인을 도는 경우 반지름이 작아 필요한 구심력이 바깥쪽에 비해 더 크다는 점을 인정합니다. 물론 가볍스 선수의 무게가 작아 마찰력이 작은 것은 어쩔 수 없는 일이라 해도 반지름의 차이로 인해 커브로 돌기 위해 필요로 하는 힘의 차이가 있다면 그 경기는 공정하다 할 수 없을 것입니다.
그러므로 두 선수는 재경기를 치르는 데 한 번씩 레인을 바꿔 두 번의 경기를 하여 두 기록의 평균을 통해 승부를 가리도록 하십시오.

재판 후 다시 결승전이 치러졌다. 첫 경기는 바깥쪽 레인을 도는 가볍스 선수가 이겼다. 두 번째 경기도 바깥쪽 레인을 도는 무겁스 선수가 이겼다. 두 경기를 합친 기록을 비교한 결과, 무겁스 선수의 기록이 더 좋았다. 경기 후 가볍스 선수는 무겁스 선수의 우승을 진심으로 축하해 주었다.

이 일을 계기로 무겁스 선수와 가볍스 선수는 서로 선의의 경쟁자로서 우정을 쌓게 되었다.

에너지 팍! 팍!

에너지라는 말은 자주 들어 봤지요? 그럼 물리에서 얘기하는 에너지는 뭘까요? 에너지에는 위치에너지와 운동에너지의 두 종류가 있어요.

그럼 먼저 운동에너지에 대해서 알아봅시다. 어떤 물체를 빠르게 움직이게 할 때와 느리게 움직이게 할 때 언제 에너지가 더 많이 필요할까요? 당연히 빠르게 움직이게 할 때입니다. 이렇게 물체의 속력과 관련된 에너지를 운동에너지라고 합니다. 그러니까 어떤 물체가 빨리 움직일수록 운동에너지가 커지겠죠?

그러니까 여러분이 가만히 앉아 있을 때보다 빠르게 달릴 때 여러분은 더 큰 운동에너지를 가지게 됩니다. 가만히 앉아 있으면 속력이 0이죠? 이때 운동에너지는 0이 되어 가장 작지요.

이제 위치에너지에 대해 알아봅시다. 모래사장에 말뚝을 박아 놓습니다. 그리고 1미터 높이에서 돌멩이를 말뚝을 향해 떨어뜨릴 때와 2미터 높이에서 떨어뜨릴 때 언제 말뚝이 더 깊이 박히나요? 당연히 2미터 높이에서 떨어뜨릴 때입니다.

말뚝을 더 깊이 박는다는 것은 돌멩이가 더 큰 에너지를 가지고 있다는 것을 말합니다. 그러니까 돌멩이가 더 높이 있을 때 에

너지가 더 크다고 할 수 있는데, 이때의 에너지를 위치에너지라고 부릅니다. 그러니까 물체가 높은 곳에 있을수록 물체의 위치에너지가 커집니다.

폭포 밑에 있는 물레방아가 돌아가는 것은 무엇 때문일까요?
높은 곳에서 떨어질 때 그 속도만큼 운동에너지를 갖기 때문입니다.

그럼 폭포 밑에 있는 물레방아가 돌아가는 것은 무엇 때문일까요? 그것은 에너지가 바뀌는 것과 관계있습니다. 폭포의 꼭대기에 있는 물은 폭포가 높기 때문에 큰 위치에너지를 갖습니다. 그런데 내려오면서 높이가 낮아지니까 위치에너지는 줄어듭니다. 이때 줄어든 위치에너지만큼 운동에너지가 커지게 됩니다. 그러니까 물체가 빨라지지요. 이런 식으로 하면 물이 가장 아래에 내려왔을 때 위치에너지는 모두 운동에너지로 바뀌어 물이 가장 빨라져 물레방아의 날개에 큰 충격력을 주게 되죠. 그 힘으로 물레방아가 돌게 됩니다.

이 원리를 이용한 것이 바로 수력발전입니다. 강물을 댐으로 막아 물을 모은 다음 한꺼번에 높은 곳에서 아래로 떨어뜨립니다. 이때 물은 바닥에 설치되어 있는 수차를 돌리게 되는데, 물의 위치에너지를 수차의 운동에너지로 바꾸고, 수차에 연결되어 있는 발전기를 통해 전기에너지로 바꾸는 거죠.

제8장

내려가는 에스컬레이터가 전력이 덜 소모될까

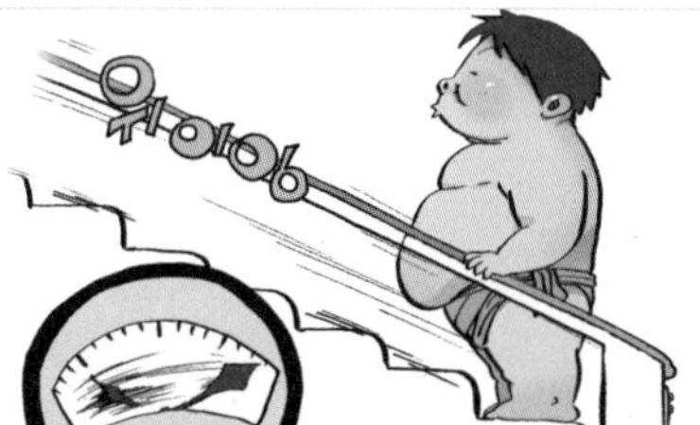

사건 속으로

짐아껴 씨는 공무원 생활 10년 만에 꿈에 그리던 자신의 집을 마련했다. 사이언스 시티 북쪽의 고층 아파트에 입주하게 된 것이다. 그는 전망이 좋은 20층을 분양 받았고, 오늘은 그가 지하 셋방을 떠나 새 아파트로 이사하는 날이다.

짐아껴 씨는 물건을 아끼는 것이 몸에 배어 조그만 유리컵 하나도 휴지로 여러 겹 싸며 정성껏 이삿짐을 꾸렸다.

아침 8시가 되자 어제 전화한 흔들 이삿짐센터에서 사람들이 왔다. 이삿짐센터 직원들은 조금이라도 시간을 단축시키려고 짐을 거칠게 다루었다. 화가 난 짐아껴 씨가 직원에게 말했다.

"좀 조심해서 실으세요."

"조심할 물건은 박스에 표시해 두시라고 했잖아요!"

이삿짐센터 직원이 대들었다. 직원의 표정이 험상궂어 짐아껴 씨는 더 이상 대꾸할 수 없었다.

드디어 짐을 모두 실은 트럭은 아파트 앞에 도착했다. 흔들 이삿짐센터의 고가 사다리차가 짐아껴 씨의 집 베란다와 트럭 사이에 놓였다.

이삿짐센터 직원들은 빨리 끝내고 다음 이사를 해야 한다며 일을 서둘렀다. 그들은 올라가는 판자 위에 무리하게 많은 이삿짐을 올려놓고 짐을 올리기 시작했다. 수북이 쌓인 짐들이 점점 위로 올라가더니 사다리가 흔들거리기 시작했다. 이 광경을 바라보는 짐아껴 씨의 가슴은 조마조마했다.

잠시 후 사다리가 꺾이면서 짐들이 추락하기 시작했다. 와장창 물건 깨지는 소리가 요란하게 들렸다. 짐아껴 씨는 이삿짐을 조심스럽게 다루지 않아 이런 사고가 일어났다며 흔들 이삿짐센터를 물리법정에 고소했다.

어떤 면 위에 물체를 올려놓았을 때
그 면이 물체를 지탱하는 힘이 수직항력입니다.

여기는 물리법정

사다리차에 짐을 너무 많이 실었나 보군요. 이럴 때는 누구의 잘못일까요? 물리법정에서 알아봅시다.

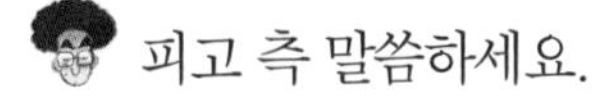

피고 측 말씀하세요.

사다리차를 이용한 이사는 고층 건물의 이사 방식 중에서 가장 널리 사용되는 방법입니다. 과거에는 곤돌라를 이용했지만 사고가 많이 일어났고, 사람이 직접 짐을 들고 엘리베이터로 이사하는 방식은 인건비가 비싸지면서 점차 사용되지 않고 있습니다. 그런데 사다리차에 의한 이사 방법은 아주 편리하고 이사 시간을 줄이는 좋은 방법입니다.

보통 사다리차의 이사에서 한 번에 올리는 짐은 대충 부피를 보고 판단합니다. 그러므로 특별히 무거운 짐이 있을 때는 박스에 표시하여 이삿짐센터 직원이 알 수 있게 하는 것이 이사하는 사람의 의무라고 생각합니다. 그러므로 본 사고에 관해 흔들 이삿짐센터는 아무런 책임이 없다고 생각합니다.

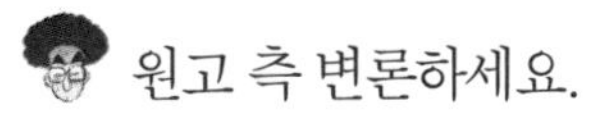

원고 측 변론하세요.

피고 측 변호사는 이사도 안 다닙니까? 자신의 소중한 이삿짐이 이사하는 날 추락하여 파손되었는데 이삿짐센터가 아무 책임이 없다면 그럼 누구의 책임입니까?

본 변호사는 이 부분에 대해 단 한 번도 사다리차를 이용한 이사에서 사고를 내지 않은 짐조아 이삿짐센터의 김사닥 사장을 증인으로 요청합니다.

몸에 꽉 끼는 티셔츠와 바지를 입은 뚱뚱한 체구의 40대 남자가 증인석에 앉았다.

증인의 회사는 지금까지 사다리차를 이용한 이사에서 단 한 번도 사고를 낸 적이 없다고 하던데 그게 사실인가요?

물론입니다.

그 이유가 뭐라고 생각합니까?

사다리차 이사는 약간의 위험성이 있습니다. 바닥에 있던 판이 짐을 싣고 위로 올라갈 때 판의 가장자리에 있는 작은 짐이 아래로 추락할 위험성이 있죠.

그렇죠. 그게 좀 불안해 보이더군요. 무슨 해결 방법이 있던가요?

변호사님은 아기 침대와 어른 침대의 차이가 뭐라고 생각하십니까?

크기가 다르죠.

또 다른 거는요?

글쎄요.

어른 침대는 가장자리에 울타리가 없지만 아기 침대는 아기가 바닥에 떨어지는 것을 막기 위해 울타리가 있죠.

아하 그렇군요.

그래서 우리는 사다리차에 놓인 판에 울타리를 달았기 때문에 판의 가장자리에 있는 꽃병과 같은 작은 짐이 바닥으로 추락할 위험이 없습니다.

하지만 짐이 무거우면 사다리차가 휘어질 수도 있지 않습니까? 이번 사고가 바로 그런 사고인데….

바로 그 점이 가장 위험한 경우죠. 한두 개의 짐도 아니고 판 위에 있는 모든 이삿짐이 바닥으로 추락하는 경우이니까요. 그런데 짐이 파손되는 것보다 더 무서운 것은, 혹시 밑으로 지나가는 사람이 떨어지는 짐에 맞아 큰 부상을 입는 거죠.

맞아요. 그런 사고도 몇 번 일어났죠.

저희 사다리차는 그런 사고가 일어날 수 없습니다.

왜 그렇죠?

짐을 싣고 올라가는 사다리차가 무너지는 것은 사다리차 바닥의 수직항력이 짐의 무게를 견디지 못하기 때문이죠.

수직항력이 뭐죠?

실험을 해 보이죠.

김사닥 사장은 갑자기 법정의 탁자 위에 올라가 앉았다. 판사와 변호사들 모두 놀란 표정을 지었다. 다음에는 커다란 종이 한 장을 네 명의 사람이 각각의 네 귀퉁이를 들고 있게 했다. 그리고 종이 위에 올라탔다. 종이가 뻥 뚫리면서 김사닥 사장은 바닥에 떨어졌다.

제가 탁자 위에 올라앉았을 때 탁자는 무너지지 않았습니다. 그것은 탁자가 저를 받치는 힘, 그걸 수직항력이라고 하는데 그 힘이 제 무게를 지탱하기 때문입니다. 하지만 종이에 앉았을 때는 종이가 뚫리고 저는 떨어졌습니다. 이것은 종이의 수직항력이 제 몸무게를 지탱할 수 없기 때문입니다. 물론 종이에 연필 하나를 올려놓으면 종이가 주저앉지 않습니다. 그러니까 종이의 수직항력이 연필 하나의 무게를 지탱할 수 있다는 거죠. 이렇게 어떤 면 위에 물체를 올려놓았을 때 그 면이 주저앉느냐 버티느냐 하는 것은 그 면의 수직항력이 물체의 무게를 지탱할 수 있느냐와 관계됩니다. 저희는 사다리차의 판의 수직항력이 견딜 수 있는 최대의 무게를 알아냈습니다. 그리고 사다리차의 판에 무게를 측정할 수 있는 압력센서를 설치하여 사다리차의 수직항력으로 버틸 수 없는 무게에 도달하면 경보음이 울리도록 장치했죠. 그래서 우리 사다리차는 지금까지 단 한 번도 주저앉은 적이 없습니다.

정말 국민들의 안전을 생각하는 회사군요. 존경하는 재판장님. 우리는 본 법정에서 두 종류의 이삿짐센터를 비교하게 되었습니다. 하나는 언제 주저앉을지 모르지만 조금이라도 더 많은 짐을 올려 이사를 빨리 끝마치려는 자기중심적인 이삿짐센터와 정확한 물리학적 계산에 의해 이삿짐의 무게로 사다리차가 주저앉을 수 있는 일을 사전에 막을 수 있도록 개량된 사다리차를 사용하는 이삿짐센터입니다. 과연 어느 쪽이 국민들이 안심하고 믿고 맡길 수 있는 이삿짐센터인지에 대해 현명하신 판단을 부탁드립니다.

변론 잘 들었습니다. 판결하겠습니다. 요즈음 고층 아파트로의 이사가 많아지면서 사다리차를 이용한 이사로 인한 사고가 종종 보도되고 있습니다. 문명의 이기를 이용하는 것은 바람직하나 그 전에 그것의 안전성 여부가 신중하게 검토되어야 할 것입니다. 그런 차원에서 볼 때 현행 사다리차의 경우는 증인 김사닥 씨가 얘기한 것과 같은 안전에 대한 최소한의 조치도 취하지 않았음을 인정합니다. 따라서 본 사고에 대해 파손된 모든 이삿짐의 변상은 전적으로 흔들 이삿짐센터에 책임이 있다고 판결합니다.

재판 후 정부는 모든 사다리차에 압력 센서와 울타리를 설치하는 것을 법령화하고, 그 검사를 김사닥 사장에게 맡겼다. 그 후 과학공화국에서는 사다리차 이사를 통한 사고가 단 한 건도 보고되지 않았다.

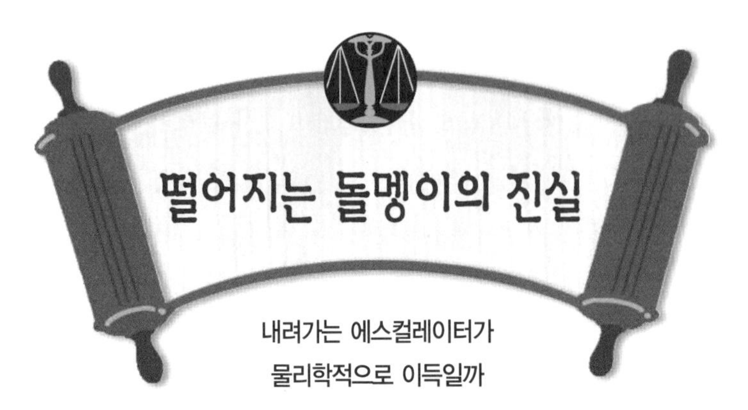

떨어지는 돌멩이의 진실

내려가는 에스컬레이터가
물리학적으로 이득일까

사건 속으로

자동발 씨는 다리 힘이 없어 내리막길을 잘 걷지 못한다. 최근에 그는 사이언스 시티의 롱드라는 동네로 이사했다. 그는 매일 지하철을 타고 출근했는데, 롱드 역은 사이언스 시티에서 가장 깊은 곳에 승강장이 있어 한참을 계단으로 내려가야 했다.

자동발 씨는 역 안으로 내려갈 때마다 계단에서 여러 번을 쉬어 가야 할 정도로 고생이 심했다. 간신히 승강장까지 내려와서 후들거리는 다리를 이끌고 만원인 지하철을 타고 출근하고 나면 그는 하루 종일 다리가 아파 고생했다.
물론 롱드 역에는 에스컬레이터가 있었지만 전기를 아끼기 위해 올라가는 에스컬레이터는 작동시키고 내려가는 에스컬레이터는 작동시키지 않았다. 자동발 씨는 이 점이 항상 불만이었다.
어느 날 자동발 씨는 그날따라 유난히 발이 더욱 쑤시고 아팠다. 지하철을 타기 위해 내려가야 할 계단을 보면서 그는 갑자기 한숨이 나왔다. 아픈 발로 계단을 한 걸음씩 밟아 내려가는데 점점 발에 통증이 심해지고 다리가 후들거리기 시작했다.
한참을 내려오던 자동발 씨는 갑자기 발을 헛디뎌 계단에서 굴렀다. 이 사고로 자동발 씨는 전치 8주의 진단을 받고 병원에 입원했다.
자동발 씨는 자신의 사고가, 내려가는 에스컬레이터를 작동하지 않았기 때문에 일어난 것이라며 사이언스 시티 지하철 공사를 물리법정에 고소했다.

사람을 싣고 올라가는 에스컬레이터의 일률은

내려가는 에스컬레이터보다 큽니다.

여기는 물리법정	전기를 아끼기 위해 내려가는 에스컬레이터를 작동시키지 않는 것과 물리와 어떤 관계가 있을까요? 물리법정에서 알아봅시다.

물리짱 판사

물치 변호사

피즈 검사

피고 측 말씀하세요.

저희 과학공화국은 최근에 전기의 수요가 높아져 많은 곳에서 전력 사정이 좋지 않은 상황입니다. 물론 다른 선진국은 올라가는 에스컬레이터와 내려가는 에스컬레이터가 모두 작동되지만 우리 과학 공화국의 전력 사정으로 인해 둘 중 하나를 포기해야 한다면, 내려가는 쪽을 포기하는 것이 당연하다고 생각합니다. 그것은 우리가 내려갈 때보다 올라갈 때 더 힘이 들기 때문입니다. 그러므로 내려가는 에스컬레이터를 작동하지 않은 지하철 공사는 이번 사고에 대해 책임을 질 필요가 없다고 생각합니다.

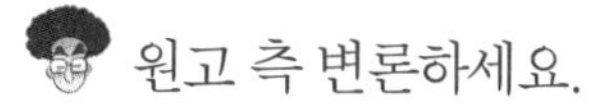

원고 측 변론하세요.

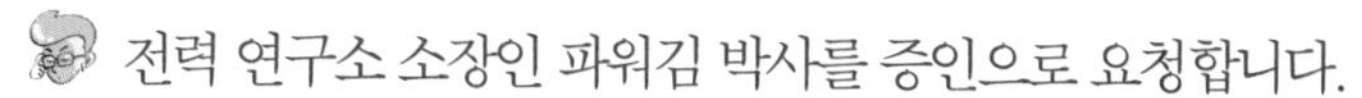

전력 연구소 소장인 파워김 박사를 증인으로 요청합니다.

근육질 몸매에 온몸에 힘이 넘쳐 보이는 30대 남자가 증인석에 앉았다.

증인이 하는 일을 말씀해 주세요.

모든 전기 제품의 전력에 대해 연구하는 일을 하고 있

습니다.

에스컬레이터의 경우 내려갈 때와 올라갈 때 전력이 언제 더 많이 소비됩니까?

에스컬레이터는 회전축 사이에 컨베이어 벨트를 연결해 벨트를 돌리는 장치와 같은 원리로 작동됩니다. 그 벨트 대신에 접히는 계단을 사용하는 것이 차이일 뿐이죠. 만일 에스컬레이터에 아무도 타고 있지 않다면 내려가는 경우나 올라가는 경우나 에스컬레이터의 전력 소비는 거의 비슷합니다. 이때 필요한 전력은 모터를 돌리는 데 주로 사용됩니다.

전력이라는 것이 뭡니까?

전력이란 전기가 하는 일에 대한 일률입니다.

일률은 또 뭡니까?

먼저 일에 대한 정의를 알려드려야겠군요. 제가 지금 바닥에 있는 물체를 들어 올리면 제가 물체에 일을 해 주어야 합니다. 이때 물체의 무게가 클수록 또 들어 올리는 높이가 높을수록 더 많은 일을 하게 되죠.

그건 알고 있습니다.

무거운 역기가 있다고 합시다. 역기를 같은 높이로 들어 올리는 데 어떤 사람은 1분이 걸렸고 어떤 사람은 1초가 걸렸다면 누가 더 힘이 센 사람일까요?

당연히 1초 걸린 사람이죠.

바로 그겁니다. 같은 양의 일을 얼마나 빨리하는가를 나타낼 때 일률을 사용합니다. 그러니까 같은 일을 하는 데 적은 시간이 걸릴수록 일률이 큰 거죠. 일률을 영어로 파워(Power)라고 하는데 그러니까 파워맨이란 무거운 걸 빠르게 높이 들어 올리는 사람인 셈이죠.

그렇다면 전력은 어떻게 일률과 관련되죠?

땅바닥에 있는 물체를 위로 들어 올릴 때 우리는 에너지를 사용하죠. 그러니까 무거운 돌멩이들을 아주 많이 들어 올리는 일을 한다면 우리는 많은 에너지를 소비하게 되는 것입니다.

에너지에는 여러 가지 종류가 있는데 힘과 운동과 관련된 에너지를 역학적에너지라고 하고, 전기와 관련된 에너지를 전기에너지, 열과 관련된 에너지를 열에너지라고 하죠. 우리가 손으로 물체를 들어 올릴 때는 역학적에너지를 사용하여 일을 합니다. 그런데 전기적인 장치를 사용하여 물체를 들어 올릴 때는 전기에너지를 사용하여 일을 하지요. 이렇게 전기에너지를 사용하여 일을 할 때의 일률을 전력이라고 합니다.

전력을 많이 소비하면 일률이 커지겠군요.

물론이죠. 그럼 이번 에스컬레이터 문제를 보죠. 사람이 타고 있지 않을 때는 어차피 전기로 계단을 돌리는 일을 하게 됩니다. 하지만 에스컬레이터로 사람을 위로 올릴 때는 사람을 올리기 위한 일을 더 해야 합니다. 그러니까 사람을 태우고 올라갈 때 에스컬레이터의 전력 소비는 더 많아지게 되죠.

내려올 때도 전기로 일을 하지 않습니까?

그렇지 않죠. 돌멩이를 떨어뜨릴 때는 우리가 돌멩이에게 해 주는 일이 없어요. 지구의 중력에 의해 당겨지는 돌멩이의 자연스런 운동일 뿐이죠. 하지만 바닥에 있는 돌멩이를 들어 올리는 것은 외부에서 돌멩이에게 일을 해 주지 않으면 그런 운동이 일어나지 않죠. 이런 운동을 강제적인 운동이라고 하죠.

이제 이해가 갑니다. 존경하는 재판장님. 에스컬레이터가 사람을 올려 보낼 때는 강제적인 운동이므로 전기로 일을 해 주어야 하고, 사람을 내려 보낼 때는 중력에 의한 자연스런 운동이므로 사람을 내리는 데 필요한 일은 하지 않게 됩니다.

그러므로 사람을 태우고 올라가는 에스컬레이터가 전력을 더 소비하므로 전력을 아낀다는 입장에서 한 방향으로만 에스컬레이터를 작동해야 한다면 내려가는 에스컬레이터를 운행해야 할 것입니다. 그러므로 이번 자동발 씨가 내려가는 에스컬레이터가 운행되지 않아 일어난 사고에 대해 지하철공사는 책임이 있다고 주장합니다.

판결하겠습니다. 이 세상에는 건강한 사람과 몸이 불편한 장애인이 있고 장애인은 아니라 하더라도 특별히 보행에 지장이 있는 사람이 있습니다.
그런 상황을 고려하고 또한 물리학적인 측면에서 전력의 소비를 고려할 때 올라갈 때보다 전력 소비가 적은 내려가는 엘리베이터를 운행하지 않는 것은 물리학의 원리에 맞지 않는 결정으로 보입니다. 따라서 이번 자동발 씨 사고에 대해서는 지하철 공사의 일부 책임을 인정합니다.

재판이 끝난 후 지하철 공사는 올라가는 엘리베이터뿐 아니라 내려가는 엘리베이터도 함께 운행하기로 결정했다. 그러면서 자신들의 역사에서 사용하는 전력을 아끼기로 결정했는데 그중 하나가 전보다 에어컨을 높은 온도로 설정하고 전력 회사의 도움을 얻어 심야 전기를 사용하는 등 다른 부분의 전력 소비를 줄이고 지하철 승객들의 편리를 위해서는 전력을 아끼지 않기로 결정했다.

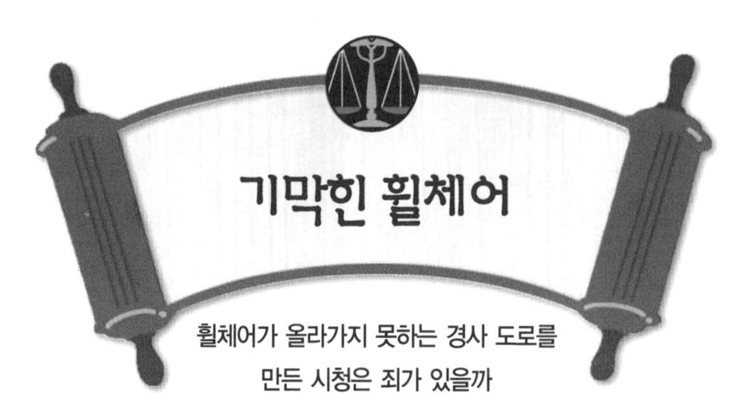

사건 속으로

파라 시티에는 많은 장애인들이 살고 있다. 그중에서도 휠체어를 타고 다니는 지체 장애인들이 많이 살고 있었다. 파라 시티의 나쁜넘 시장은 새로 시청을 짓기 위해 건설업자를 불렀다.

"새로 지을 시청 공사 설계도를 봅시다."

건설업자는 설계도를 보여 주었다. 한참을 꼼꼼히 들여다보던 나쁜넘 시장은 손가락으로 설계도의 한 곳을 가리켰다.

"이 기다란 도로는 뭐요?"

"휠체어를 탄 장애인들이 건물 2층에 올라가는 경사 도로입니다."
"왜 이렇게 길지? 그럼 공사비가 많이 들잖아? 이 도로 길이를 좀 짧게 해요."
"그럼 장애인들이 올라가기가 힘들 텐데요."
"2층은 마을 회관과 복지시설과 시장실이 있어. 정상인들은 장애인들과 어울리는 걸 싫어한다고. 그러니까 장애인들이 2층에 올라가기 힘들게 해야지…. 솔직히 내 방 근처에 휠체어가 돌아다니는 건 원치 않아."
이렇게 하여 2층짜리 시청 건물이 완공되었다. 그리고 얼마 후 파라 시티의 장애인들이 단합 대회를 위해 시청 마을 회관을 빌리기로 했다.
드디어 장애인 단합 대회날. 휠체어를 탄 많은 장애인들이 시청으로 들어왔다. 계단을 올라갈 수 없는 그들은 경사 도로를 타고 2층으로 올라가려고 했다. 그런데 도로의 경사가 너무 급해 그 누구도 올라갈 수 없었다. 이로 인해 장애인들의 단합 대회는 무산되었고, 장애인 회장은 시청이 장애인들이 2층에 잘 올라갈 수 없도록 고의적으로 비탈을 급하게 만들었다며 파라 시티의 나쁜넘 시장을 물리법정에 고발했다.

경사면이 급하여 도로의 길이가 짧으면
물체를 올리는 데 드는 힘이 커집니다.

여기는 물리법정

휠체어가 올라가기 힘들 정도로 가파른 도로를 만들었다면 그 도로는 무슨 의미가 있을까요? 물리법정의 현명한 판결을 기대해 봅시다.

물리짱 판사

물치 변호사

피즈 검사

 피고 측 변론하세요.

시청은 시민 전체를 위한 곳입니다. 물론 장애인도 시민이지만 소수에 불과합니다. 그들을 위해 막대한 공사비를 들여 비탈의 거리를 길게 하여 도로를 만드는 것은 외관상 좋지 않을 뿐 아니라 여러 가지 면에서 시의 예산을 효과적으로 집행하는 것이 아니라고 봅니다. 그리고 여기서 한 가지 말씀 드리고 싶은 것은, 비탈의 경사가 완만한가 급한가는 휠체어를 2층까지 이동시키는 데 필요한 일의 양에 아무런 영향을 끼치지 않는다는 점입니다. 그러므로 어차피 일의 양이 달라지지 않는다면 경사 도로의 길이를 짧게 하여 공사비를 절감하는 것이 효율적인 행정이라고 봅니다.

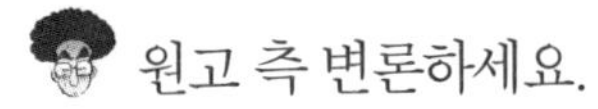
원고 측 변론하세요.

우선 파라 시의 장애인들에게 피고 측 변호사의 무례한 변론에 대해 같은 변호사로서 사과 드리고 싶습니다. 이 법정이 물리법정이므로 물리학적인 입장에서 이 문제를 다루기 위해 장애인을 위한 도로 연구에 몸 바쳐 온 완경사 씨를 증인으로 요청합니다.

휠체어를 탄 증인이 증인석으로 들어왔다.

증인은 장애인으로서 파라 시에서 사는 데 가장 불편한 점을 말씀해 주세요.

이번 사건에서 나타난 것처럼 장애인들이 휠체어로 쉽게 올라갈 수 있는 완만한 경사 도로를 만들어 주었으면 합니다. 경사가 급하면 휠체어로 올라가기 힘들 뿐만 아니라 내리막길에서는 갑자기 가속되어 큰 사고가 날 수도 있습니다.

이 법정이 물리법정이므로 물리학적인 증거를 제시해야 합니다. 피고 측에서는 경사가 급하든 완만하든 휠체어가 올라가는 데 드는 일의 양은 같다라고 주장합니다. 이것에 대한 증인의 생각을 말씀해 주세요.

물론 그렇습니다. 2층까지 물체를 직접 들어 올리거나, 경사를 이용하여 올리거나 물체를 2층까지 들어 올리는 데 드는 일의 양은 물체의 무게와 높이의 곱으로 경사의 기울기와는 관계가 없이 같습니다.

그럼 뭐가 달라지는 거죠? 그러니까 경사면을 만들어야 하는 물리학적인 이유가 필요합니다.

그것은 바로 힘입니다. 일이란 힘과 이동 거리의 곱입니다. 그런데 경사 도로를 완만하게 만들면 휠체어가 움직이는 거리가 똑바로 위로 올라갈 때보다 훨씬 길어지게 됩니다. 그럼 일은 같은데 이동거리가 길어지니까 똑바로 들어 올리는 경우보다 필요한 힘은 작아지게 됩니다. 그러니까 완만한 경사면을 이용하면 작은 힘으로 경사면을 타고 올라갈 수 있게 됩니다.

존경하는 재판장님. 물리량에는 일만 있는 것이 아니라 힘이라고 하는 중요한 양이 있습니다. 경사가 급하든 완만하든 물체를 같은 높이까지 올리는 데 필요한 일의 양은 같지만, 경사면이 완만하여 도로의 길이가 길어질수록 물체를 올리는 데 드는 힘은 작아집니다. 그러므로 완만한 도로를 만들면 이 도시의 장애인들이 작은 힘으로 쉽게 2층까지 올라갈 수 있고, 내리막에서도 안전하다고 볼 수 있습니다. 그런 면에서 장애인들이 올라갈 수 없는 경사 도로를 만든 나쁜넘 시장의 책임을 묻지 않을 수 없습니다.

판결합니다. 이 땅에는 신체적 장애를 가진 사람들이 많이 살고 있고, 현재는 신체적 장애가 없다 하나, 어느 순간에는 장애인이 될 수도 있는 많은 사람들이 살아가고 있습니다. 예산을 줄여 장애인들이 올라가지도 못할 경사 도로를 만든 나쁜넘 시장은 한 가지 사실을 잊은 것 같습니다. 즉 완만한 비탈을 이용하면 얼마나 작은 힘으로 같은 높이까지 올라갈 수 있는지를 나쁜넘 시장은 몰랐던 것 같습니다.

이에 따라 시청은 2층으로 올라가는 경사 도로를 가능한 한 길고 완만하게 다시 건설하고, 일과 힘 사이의 관계를 피부로 느끼게 하기 위해 나쁜넘 시장은 매일 2층까지 계단을 이용하지 말고 로프를 타고 올라갈 것을 판결합니다.

재판 후 파라 시청에는 길고 완만한 경사 도로가 생겨 장애인들은 쉽게 2층으로 올라갈 수 있었다. 한편 나쁜넘 시장은 매일 2층으로 밧줄을 타고 올라가면서 같은 일을 하는 데 가장 큰 힘을 사용하는 방법을 피부로 절실히 느끼게 되었다.

받쳐 줘요! 수직항력

상 위에 올려놓은 사과는 왜 바닥에 안 떨어질까요? 사과는 지구가 잡아당기는 힘인 만유인력을 받는데 왜 아래로 떨어지지 않고 제자리에 정지해 있을까요? 이상하지요? 물체가 힘을 받으면 움직인다고 배웠으니까요.

여기서 여러분들이 잊고 있는 또 다른 힘이 있습니다. 그것은 바로 책상이 사과를 떠받치는 힘입니다. 이 힘은 책상 면의 수직인 방향을 가리킵니다. 이것을 수직항력이라고 부릅니다.

그래도 수직항력이란 힘을 잘 모르겠다고요? 그럼 다음과 같이 생각해 봅시다. 책상 면을 아주 얇게, 잘 뚫어지는 종이로 만들어 봅시다. 그리고 그 위에 무거운 볼링공을 올려놓아 봅시다. 그러면 볼링공이 종이를 뚫고 바닥에 떨어질 것입니다. 이것은 종이가 볼링공을 떠받치는 수직항력이 너무 작기 때문에 그런 거죠.

충분한 수직항력을 받으면 물체는 왜 안 움직일까요? 그것은, 수직항력은 지구가 물체를 잡아당기는 힘(만유인력)과 크기는 같고 방향은 반대를 가리키기 때문입니다. 그러니까 물체에 크기는 같고 방향이 반대인 두 힘이 작용하는 거죠. 이때 물체에 실제로 작용하는 두 힘의 합은 0이 됩니다. 그러니까 물체는 힘을 받지

무거운 바위가 움직이지 않는 건 왜일까요?
바위가 움직이는 것을 방해하는 마찰력 때문입니다.

않은 셈이죠. 그래서 물체는 처음의 정지 상태를 그대로 유지하게 되는 것입니다.

이렇게 크기가 같고 방향이 반대인 힘이 하나의 물체에 작용하면 물체는 힘을 받지 않은 것처럼 정지해 있는데, 이때 물체에 작용한 두 힘은 평형을 이룬다고 말합니다. 우리 주위에 정지해 있는 물체들은 모두 힘이 평형을 이루고 있는 것입니다.

예를 들어 무거운 바위를 미는 데 바위가 안 움직이는 경우를 생각해 볼까요. 이때 바위에 작용한 미는 힘과 크기가 같고 방향이 반대인 힘이 바위에 작용하는데, 그것은 바로 바위가 움직이는 것을 방해하는 바닥의 마찰력입니다. 그러므로 미는 힘과 마찰력이 평형을 이루어 물체는 그대로 정지해 있게 됩니다.

수직항력은 면에 수직인 방향입니다. 그러므로 평평한 길을 걸어갈 때는 수직항력이 도로 면에 수직인 위 방향이므로 무게가 행하는 방향과 나란하지만 언덕을 올라갈 때처럼 경사면을 올라갈 때는 수직항력이 무게와 나란한 방향을 가리키지 않습니다.

제9장

핸들이 작으면 바퀴가 잘 안 돌아갈까

축바퀴의 물리학_무한질주 미니 핸들

핸들이 작은 자동차는 어떤 문제가 생길까

경사면이 만드는 구심력_타이어 죄? 비탈길 죄?

커브 길의 도로를 평평하게 만들었다면 죄가 될까

상대속도의 원리_스피드 탈출 대작전

브레이크가 고장 난 차에서 같은 속도로 달리는 버스에 올라탈 수 있을까

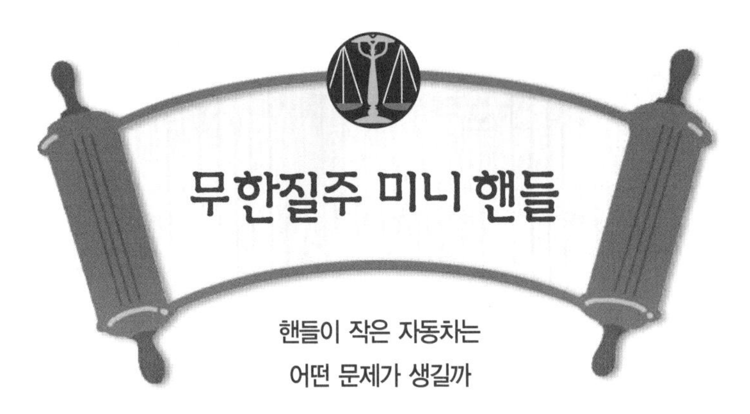

사건 속으로

최근 과학공화국의 젊은이들 사이에는 2인승 자동차로 드라이브를 즐기는 것이 유행이었다. 남의 시선을 많이 의식하는 중장년 세대들과는 달리, 그들은 자유로운 애정 표현을 서슴지 않았는데 그러한 모습은 드라이브를 하는 젊은 커플들 사이에서도 자주 나타났다.

스킨십이 자연스러운 이들 세대는 남자들이 운전하는 경우 한 손으로 핸들을 잡고 다른 한 손은 조수석에 탄 파트너의 어깨에 올려놓곤 했다.

이런 유행을 노린 뉴제너 자동차 회사는 신세대 커플 취향에 맞는 새로운 자동차인 한손카를 출시했다. 한손카는 차의 폭이 작아 운전석과 조수석 사이의 거리가 가깝고, 핸들이 다른 자동차에 비해 절반 정도로 작아 한 손으로 핸들을 잡기가 쉬웠다.

최근에 여자 친구가 생긴 김포옹 씨도 다른 친구들처럼 여자 친구와 드라이브를 즐기기 위해 한손카를 구입했다. 그는 차를 구입하자마자 여자 친구와 함께 사이언스 시티의 남쪽으로 시원스럽게 뚫린 도로를 달렸다. 물론 김포옹 씨는 왼손으로 핸들을 잡고 오른손은 여자 친구의 어깨에 걸쳤다. 김포옹 씨는 아담한 크기의 한손카를 구입한 것에 아주 만족해했다.

그런데 이 차에는 심각한 문제가 있었다. 한손으로 핸들을 잡고 여자 친구와 정답게 얘기를 주고받던 김포옹 씨는 갑자기 전방에서 급커브 길로 바뀌는 것을 뒤늦게 발견하였다. 김포옹 씨는 있는 힘을 다해 핸들을 돌려 보았지만 핸들이 잘 돌아가지 않아 결국 벽에 부딪치고 말았다.

여자 친구와 함께 병원에 입원한 김포옹 씨는 한손카의 심각한 결함 때문에 사고가 일어났다며 뉴제너 자동차 회사를 물리법정에 고소했다.

무거운 앞바퀴를 회전시키기 위해서는
반지름이 큰 핸들을 바퀴의 회전축에 연결해야 합니다.

여기는 물리법정 핸들이 작으면 바퀴가 잘 안 돌아갈까요? 그렇다면 한손카는 위험한 차일까요? 물리법정에서 알아봅시다.

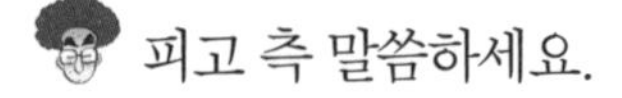
피고 측 말씀하세요.

자동차의 핸들은 앞바퀴를 좌우로 회전시키는 역할을 합니다. 핸들의 크기는 앞바퀴가 회전되느냐 안 되느냐와 큰 관계가 없다는 것이 본 변호사의 생각입니다. 원고 김포옹 씨는 여자 친구와 얘기하느라 전방을 제대로 보지 못해 커브길에서 벽과 충돌해서 벌어진 사고를 자동차의 결함으로 돌리고 있으므로 본 사건과 관련하여 뉴제너 자동차 회사는 책임이 전혀 없다고 주장합니다.

원고 측 변론하세요.

모든 길이 똑바로 되어 있을 수는 없습니다. 그러므로 자동차는 상황에 따라 방향을 바꿔야 합니다. 보통 자동차의 경우 방향을 바꾸는 역할을 하는 것은 앞바퀴입니다. 그리고 그 앞바퀴를 차 안에서 회전시키는 것이 자동차의 핸들입니다. 핸들이 작을 경우 바퀴를 회전시키기가 어려운지를 알아보기 위해 김바퀴 박사를 증인으로 요청합니다.

동그란 얼굴에 동그란 안경을 쓰고 바퀴가 그려진 티셔츠를 입은 30대 중반의 남자가 증인석에 앉았다.

증인이 하는 일을 말씀해 주세요.

저는 축바퀴 연구소 소장을 맡고 있습니다.

축바퀴 연구소는 무슨 일을 하고 있죠?

축바퀴에 대한 연구를 하고 있습니다.

좀 친절하게 답변해 주세요. 축바퀴가 뭔지 몰라서 묻는 거예요.

알겠습니다. 저 뒤에 보이는 문손잡이가 바로 축바퀴입니다.

글쎄 축바퀴가 뭐냐니까요?

어떤 물체를 돌리는 경우를 생각해 보죠. 지금 제가 손에 들고 있는 드라이버에서 날 부분만을 빼 보죠. 변호사님이 날만으로 여기 나무에 박혀 있는 나사못을 빼 보세요.

피즈 변호사는 드라이버 날의 끝부분을 손으로 잡고 나무토막에 박혀 있는 나사못을 돌려 보았지만 나사못은 돌아가지 않았다.

변호사님. 이번에는 드라이버 손잡이를 끼워서 돌려 보세요.

피즈 변호사는 드라이버의 날을 손잡이에 끼우고 나사못을 돌렸다. 나사못이 쉽게 빠져나왔다.

바로 이것이 축바퀴의 원리입니다. 지금 드라이버의 날만으로 나사못을 빼려고 하면 드라이버 날이 잘 돌아가지 않아서 나사못이 잘 빠지지 않습니다. 이것은 드라이버 날의 반지름이 너무 작아서 그렇습니다.

하지만 드라이버의 손잡이를 끼우면 손잡이와 드라이버의 날은 같은 회전축 주위를 회전하게 되죠. 이때 드라이버의 손잡이는 반지름의 크기 때문에 작은 힘으로도 쉽게 회전시킬 수 있습니다.

이렇게 반지름이 다른 두 바퀴(또는 원통)를 이용하여 큰 바퀴를 작은 힘으로 돌리면 작은 바퀴가 큰 힘으로 돌아가게 만든 장치가 바로 축바퀴이죠.

그러니까 문손잡이를 너무 작게 만들면 문을 열기가 힘듭니다. 그래서 문손잡이 축에 반지름이 큰 손잡이를 연결하여 큰 손잡이를 돌리면 안에 연결되어 있는 작은 손잡이의 축이 큰 힘으로 돌아가 문이 열리게 되는 거죠. 만일 문이 쇠로 만들어져 있어 무겁다면 문의 손잡이는 더 크게 만들어야 하죠.

증인 좋은 실험 감사합니다. 이제 이해가 가는군요. 증인이 실험을 통해 보여 준 것처럼 어떤 물체를 작은 힘으로도 쉽게 회전시키고자 할 때는 그 물체와 회전축은 같으면서 반지름이 큰 바퀴를 끼워 사용합니다. 자동차의 경우도 무거운 앞바퀴를 회전시키기 위해서는 큰 힘이 필요한데, 그러기 위해서 반지름이 큰 핸들을 바퀴의 회전축에 연결하여 축바퀴를 만드는 것입니다. 그러면 핸들을 작은 힘으로 돌려도 바퀴는 쉽게 돌아갑니다.

그런데 문제의 한손카는 핸들의 반지름을 작게 만들었기 때문에 다른 자동차에 비해 더 큰 힘으로 핸들을 돌려야 바퀴를 회전시킬 수 있습니다. 따라서 김포옹 씨의 주장대로 한손카의 핸들 설계가 잘못되었다고 주장합니다.

최근 젊은이들이 교통질서도 잘 지키지 않고, 데이트와 멋 부리기에만 온통 정신이 팔려 있는 상황에서 그들에게 인기를 얻으려고 안전을 고려하지 않은 핸들이 장착된 차를 판매하는 뉴제너 자동차 회사는 매우 비양심적이라고 할 수 있습니다.

자동차를 운전할 때는 언제 닥칠지 모르는 상황에 대비해 운전에 집중해야 합니다. 그럼에도 불구하고 뉴제너 자동차 회사는 오히려 한 손으로 핸들을 잡게 하면서 연인들의 위험한 운전 습관을 조장하여 교통사고를 유발한 책임이 있다고 생각합니다.

본 법정에서는 한손카의 핸들을 모두 기존의 핸들 크기로 바꿀 것을 명령하고, 또한 위험한 운전 습관을 가진 과학공화국의 많은 젊은이들에게 경종을 울리는 의미에서 여자 친구와의 스킨십 때문에 한 손으로 운전하다 사고를 낸 김포옹 씨에게도 책임을 묻지 않을 수 없습니다.
따라서 김포옹 씨는 향후 6개월 동안 오토바이나 자동차와 같이 동력에 의해 움직이는 것을 운전할 수 없도록 판결합니다.

재판 후 뉴제너 자동차는 한손카의 리콜을 선언하고 모든 핸들을 다른 자동차의 핸들 크기와 같은 것으로 교체해 주었다. 김포옹 씨는 자동차를 몰 수 없다는 것에 처음에는 힘들어 했지만 한손카를 팔고 자전거를 구입하여 여자 친구와 함께 하이킹을 즐겼다. 김포옹 씨와 여자 친구는 좋은 장소를 찾아다니며 사랑을 나누었고 그들의 사랑은 더욱 깊어져 결혼으로 이어졌다.

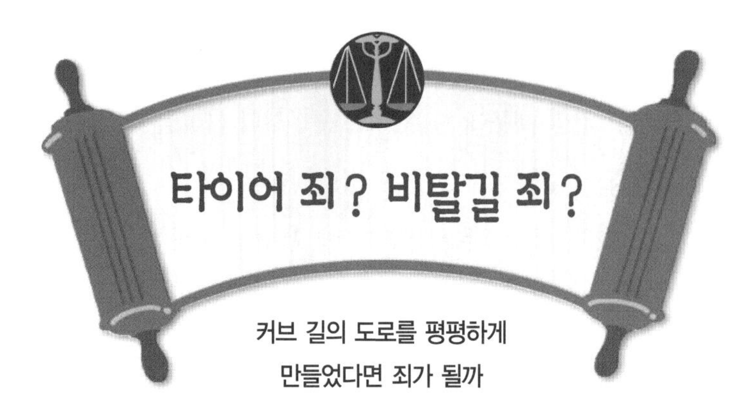

커브 길의 도로를 평평하게
만들었다면 죄가 될까

사건 속으로

과학공화국의 수도인 사이언스 시티의 근교에 공화국에서 두 번째로 큰 도시인 사이언 게임 시티가 있었다. 사이언 게임 시티는 3차원 시뮬레이션 게임이나 사이버 게임장이 많은 곳으로, 게임을 좋아하는 젊은이들이 자주 놀러 가는 곳이었다.

과학공화국에서는 두 도시를 연결하는 아우토 고속도로를 만들었는데, 이 도로는 속도제한이 없었다. 젊은이들은 스피드를 즐기며 자기 차의 성능을 자랑하기 위해 아우토 고속도로를 시속 200킬로미터 이상으로 질주했다.
게임과 스피드를 좋아하는 왕회전 씨도 자신의 스포츠카를 타고 아우토 고속도로를 달렸다. 급회전을 즐기는 왕회전 씨는 커브 길이 나타나도 속도를 줄이지 않는 버릇이 있었다. 물론 위험한 운전이지만 아직까지 왕회전 씨는 사고 한 번 낸 적이 없었다.
하지만 아우토 고속도로가 아닌 다른 도로는 시속 120킬로미터라는 속도제한이 있었고, 아우토 고속도로는 시속 200킬로미터 이상을 낼 수 있으므로 왕회전 씨는 커브 구간에서 주의할 필요가 있었다. 하지만 왕회전 씨는 그런 것은 전혀 생각하지 않고 아우토 도로에서 급회전을 즐겼다.
갑자기 먹구름이 보이더니 엄청난 폭우가 쏟아졌다. 아우토 도로는 곧 물이 차올랐다. 하지만 왕회전 씨는 여전히 속도를 줄이지 않고 커브를 돌았다. 왕회전 씨가 사이언 게임 시티에 다다를 무렵, 마지막 커브 구간을 돌게 되었다.
이 구간은 아우토 도로에서 가장 커브가 심한 구간이었다.
왕회전 씨는 시속 250킬로미터로 달리면서 속도를 줄이지 않고 계속 커브 구간을 돌았다. 순간 차가 도로 밖으로 밀려나가 논으로 떨어졌다.
다행히 큰 부상은 입지 않았지만 차는 완전히 파손되었다.
왕회전 씨는 이 사고의 원인이 전적으로 아우토 도로 건설

회전 도로에 경사가 생기면

회전의 중심 방향으로 향하는 구심력이 생깁니다.

회사에 있다며 그들을 물리법정에 고소했다.

여기는 물리법정 **빗길 커브 길에서 차가 미끄러진 책임이 도로를 건설한 회사에 있을까요? 물리법정에서 알아봅시다.**

 피고 측 변론하세요.

아우토 도로는 과학공화국에서 가장 최신 공법으로 건설된 도로로, 시속 300킬로미터로 주행할 때도 차가 흔들림이 없도록 설계되었습니다. 커브 길을 돌 때 차는 원운동을 경험합니다.

이 원운동을 일으키는 힘을 구심력이라고 하는데, 이 경우 자동차의 타이어와 도로와의 마찰력이 구심력의 역할을 하게 됩니다. 하지만 비가 오는 경우에는 타이어와 바닥 사이에 물이 고여 마찰력이 작아지므로 커브를 돌 때 속도를 낮추지 않으면 커브로 돌기 위한 구심력을 마찰력이 만들어 낼 수 없어 차가 밖으로 미끄러지게 됩니다.

따라서 본 사고의 원인은 빗길 커브 길에서 속도를 줄이지 않은 왕회전 씨의 책임이지 아우토 도로의 책임은 아니라는 것을 말씀드리고 싶습니다.

 원고 측 말씀하세요.

도로의 안전성에 대한 의견을 듣기 위해 세이프 도로 연구소의 이도로 박사를 증인으로 신청합니다.

짧은 머리의 가운데를 이발기로 고속도로처럼 민 머리를 하고 나온 남자가 증인석에 앉았다.

증인은 이번 사고 후 아우토 도로를 돌아보셨죠?

경찰이 사고 원인을 조사하기 위해 우리 연구소에 정밀 조사를 의뢰했습니다.

이번 사고의 가장 큰 원인은 뭐라고 생각합니까?

아우토 도로는 근본적으로 잘못 설계된 도로입니다.

무슨 말씀이죠? 구체적으로 말씀해 주시겠습니까?

물론 좀 전에 피고 측 변호사가 말씀한 대로 빗길에 커브를 돌 때는 마찰력이 작아지므로 속력을 줄여야 합니다. 하지만 마찰력만으로 자동차가 회전하게 한다면 그것은 시속 200킬로미터 이상을 달리는 차가 회전할 때 아주 위험합니다.

마찰력 말고 다른 힘을 줄 수 있나요?

그것이 바로 비탈면입니다. 회전 도로는 도로의 안쪽은 낮게, 바깥쪽은 높게 만들어야 합니다. 이때 도로의 경사로 인해 회전의 중심 방향으로 향하는 힘이 생기게 되죠.

이 힘이 마찰력과 더불어 구심력의 역할을 하게 되므로 설령 비가 와서 마찰력이 작아졌다 하더라도 경사면이 주는 구심력이 있어서 차가 밖으로 미끄러지지 않고 커브를 돌 수 있게 됩니다.

경사면에서 차가 달리면 회전의 중심 방향으로 힘이 생긴다는 것이 잘 이해되지 않는군요.

그럴 겁니다. 차들이 그리 빠른 속력을 내지 않는 보통 도로의 경우는 그냥 평평한 도로를 만들죠. 이렇게 평평한 도로를 차가 달릴 때는 차의 무게가 바닥을 아래 방향으로 누르게 되고, 바닥이 차를 받치는 힘이 위 방향으로 차에 작용합니다. 이때 두 힘은, 방향은 반대이고 크기는 같습니다. 그래서 차가 받는 힘의 합력은 0이 되어 차에는 아무런 힘도 작용하지 않는 것처럼 됩니다.

차가 경사 도로를 회전할 때는 무엇이 달라지나요?

차가 경사진 도로를 돌고 있을 때 차의 무게는 아래 방향을 향하고, 바닥이 차를 떠받치는 힘은 바닥에 수직인 방향이 됩니다. 두 힘은 서로 반대 방향이 아닙니다. 그러므로 두 힘의 합력은 0이 아니고 차가 회전하는 경로의 중심을 향하는 방향을 가리킵니다. 이 힘이 바로 차를 커브 길에서 회전시키는 구심력의 역할을 하게 됩니다.

존경하는 재판장님. 커브 길을 경사지게 만들면 경사면

에서 생기는 회전 중심으로 향하는 힘과 바퀴의 마찰력이 동시에 구심력의 역할을 하게 됩니다.
하지만 커브 도로를 수평으로 만들면 바퀴의 마찰력만이 구심력이 됩니다. 아우토 도로는 속도제한이 없는 도로이므로 다른 도로에 비해 커브를 돌 때도 차가 빨리 달리게 됩니다. 차가 빠를수록 큰 구심력을 요구하는데, 아우토 도로의 커브 구간이 모두 수평한 도로로 건설되어 있어 필요한 구심력을 얻을 수 없습니다. 따라서 이번 사고는 아우토 도로의 커브 구간의 도로의 잘못된 설계로 인한 것이라고 주장합니다.

판결합니다. 원고 측 변호사의 주장대로 커브 구간의 도로를 경사지게 만들지 않아 차가 커브를 도는 데 필요로 하는 구심력을 받지 못해 왕회전 씨의 차가 도로 밖으로 밀려 나간 점이 인정됩니다.
하지만 아무리 경사의 기울기를 높이고, 마찰이 큰 타이어를 사용한다 해도, 달리는 속도가 너무 빠르면 충분한 구심력을 얻을 수 없습니다.
최근 과학공화국에서 빈번히 일어나는 교통사고의 원인이, 커브 길에서 너무 빨리 달려 일어난 사고인 점을 생각할 때, 왕회전 씨처럼 커브에서 속력을 줄이지 않는 것은 올바른 운전 습관이 아니라고 생각합니다. 따라서 쌍방의 과실을 인정하며 다음과 같이 판결합니다.

아우토 도로 회사는 아우토 도로의 모든 커브 구간을 경사진 도로로 다시 건설하고, 왕회전 씨는 앞으로 6개월 동안 어떤 종류의 커브 길도 운전할 수 없도록 판결합니다.

재판 후 아우토 도로의 대대적인 공사가 벌어졌다. 모든 커브 구간은 경사진 도로로 대체되었다. 또한 왕회전 씨는 6개월 동안 차를 몰 수 없었다. 커브가 없는 도로가 없었기 때문이다.

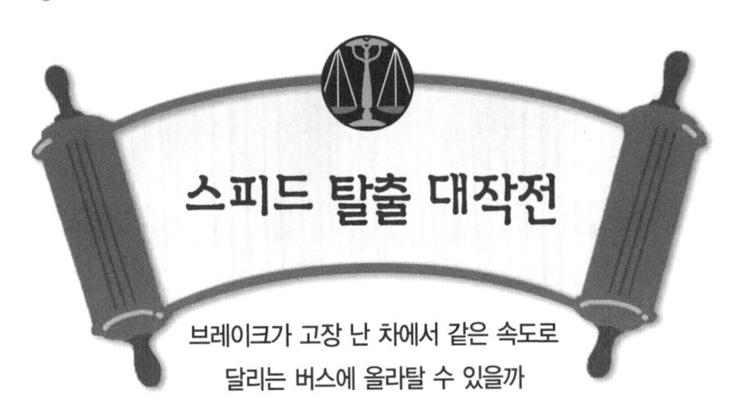

사건 속으로

나급해 씨는 최근에 자동으로 문이 열리는 스포츠카를 구입했다. 이 차는 버튼을 누르면 차 문이 위로 올라가는 자동차였다. 따라서 차 문을 열 때 다른 차 또는 벽과 부딪치지 않아 많은 인기를 끌었다.

어느 날 나급해 씨는 이 차를 몰고 고속도로로 나섰다. 성질이 급한 나급해 씨는 빠르게 차를 몰았다. 나급해 씨는 액셀레이터를 밟아 속도를 점점 더 올렸다. 한참 고속도로를 달리던 나급해 씨는 휴게소에서 쉬기 위해 차의 속도를 줄이려고 했다. 나급해 씨가 브레이크를 밟아 보았지만 차의 속도는 줄어들지 않았다. 브레이크가 고장 난 것이었다. 당황한 나급해 씨의 백미러에 일 차선을 달리고 있는 버스의 모습이 보였다. 그는 차 문을 위로 올리고 버스 기사에게 소리쳤다.

"제 차 옆으로 같은 속도로 달리면서 버스 문 좀 열어 주세요."

나급해 씨는 버스 기사에게 계속 이 말을 반복했다.

"무슨 소리요? 차를 붙이면 너무 위험해요."

버스 기사는 이렇게 대답하고 나급해 씨의 차를 빠르게 지나쳐 갔다. 나급해 씨는 버스의 번호판을 똑똑히 볼 수 있었다. 브레이크가 고장 나 속도를 줄일 수 없었던 나급해 씨의 스포츠카는 한참을 달리다가 급커브 길에서 벽과 부딪쳤다.

이 사고로 병원에 입원한 나급해 씨는 버스 기사가 문을 열어 주었다면 사고가 일어나지 않았을 거라며 버스 기사를 물리법정에 고소했다.

두 대의 차가 같은 속도로 달리면

차는 마치 정지해 있는 듯 느끼게 됩니다.

여기는 물리법정

버스 기사가 문을 열어 주었다면 나급해 씨는 다치지 않았을까요? 물리법정에서 알아봅시다.

물리짱 판사

물치 변호사

피즈 검사

피고 측 변론하세요.

원고 차의 브레이크가 고장이 난 것은 그 차의 문제입니다. 그런데 옆 차선을 달리는 버스가 원고의 차와 가까이 붙이는 것은 굉장히 위험할 수 있습니다. 당시 원고 차의 속도가 시속 130킬로미터라는 엄청나게 빠른 속도였으므로 이런 속도로 버스를 원고의 차 옆에 바싹 붙이다가 자칫 부딪치기라도 하면 버스와 원고의 차 모두 위험한 상황이 될 수 있습니다. 당시 버스 안에는 30여명의 승객이 타고 있었으므로 버스 기사가 원고의 요구를 들어주지 않은 것은 승객들의 안전을 위한 버스 기사의 적절한 행동이었다는 것을 말씀드리고 싶습니다.

원고 측 변론하세요.

피고 측 변호사는 물리를 너무 모르는 것 같습니다. 과연 이 상황에서 차에서 버스로 안전하게 옮겨 탈 수 있는지를 알아보기 위해 갈아타 씨를 증인으로 요청합니다.

20대 후반의 건장한 몸을 가진 청년이 증인석에 앉았다.

증인이 하는 일을 말씀해 주세요.

영화 스턴트맨으로 일하고 있습니다.

증인은 실제로 달리는 차에서 다른 차로 옮겨 탄 적이 있습니까?

자주 있었습니다. 달리는 차에서 버스로 또는 오토바이를 타고 가다가 트럭으로 옮겨 타는 신을 많이 찍었습니다.

그렇게 빨리 움직이는 차에 올라타는 것이 어떻게 가능한가요?

물론 시속 100킬로미터로 달리는 트럭에 올라타는 것은 불가능합니다. 하지만 제가 시속 100킬로미터로 트럭과 나란히 달리면 트럭이 마치 정지해 있는 것처럼 보입니다. 그러니까 마치 정지해 있는 곳에서 정지해 있는 트럭에 올라타는 것처럼 우리들에게는 쉬운 일이죠.

고속도로를 달리는 자동차 문을 열고 옆 차선을 달리는 버스에 올라타는 것도 가능합니까?

버스의 앞문은 운전석에서 버튼 하나로 열 수 있지요. 그리고 문이 열린 버스의 경우, 바닥의 높이가 그리 높지 않기 때문에 자동차와 버스의 속도가 똑같고, 버스와 자동차 사이의 거리가 충분히 가깝다면 누구나 쉽게 건너 탈 수 있습니다.

그렇군요. 증인의 말처럼 자신의 자동차와 똑같은 속도

로 나란히 달리는 버스를 보면 버스가 정지해 있는 것으로 보입니다. 이것은 버스의 자동차에 대한 상대속도가 0이기 때문입니다.
속도가 0이라는 것은 정지 상태라는 것을 의미합니다. 그러므로 이번 사건의 경우 버스가 나급해 씨의 차와 나란히 같은 속도로 달리고 버스 앞문을 열어 주었다면 나급해 씨가 충분히 버스로 건너 탈 수 있었습니다.
그랬다면 나급해 씨가 부상을 당하지 않고 브레이크가 고장 난 차에서 무사히 탈출할 수 있었을 것이라고 생각합니다.

판결합니다. 움직이는 차를 타고 가면서 같은 속도로 나란히 달리는 다른 차를 보면 그 차가 정지해 있는 것으로 보인다는 것은 과학공화국 국민이라면 누구나 다 알고 있는 사실입니다.
차가 정지해 있는 것으로 보일 뿐 아니라 실제로 두 차 사이를 건너갈 때 사람은 정지해 있는 차에서 정지해 있는 차로 건너가는 느낌을 갖게 됩니다.
사고에는 두 가지 종류가 있습니다. 사람이 다치는 사고와 물건이 파손되는 사고입니다. 교통사고의 경우 물건의 파손은 자동차의 파손을 의미합니다. 그렇다면 두 사고 중 어느 사고가 더 중요할까요? 당연히 사람이 다치는 사고일 것입니다. 자동차는 다시 구입하면 되지만 사고로 죽은 사람은 다시 살

아날 수 없으니까요. 비록 과학공화국에서 인간에 대한 존엄성이 점점 경시되고 있지만 인간이 사물보다 우선이 되어야 한다는 점에서 이번 사건에 대해 같은 속도로 원고의 차에 가깝게 버스를 운전하지 않고 버스의 문을 열어 주지 않은 버스 기사에게 상대속도에 의한 인명 구출 의무를 위반한 죄를 묻지 않을 수 없습니다.
따라서 본 판사는 나급해 씨의 치료비 중 50%를 버스 회사가 부담해야 한다고 주장합니다.

재판이 끝난 후 버스 기사는 나급해 씨가 입원한 병원을 찾아가 미안한 마음을 전했다. 그리고 다음에 그런 요청을 하는 사람이 있을 때는 차선을 바꿔서라도 그 차 옆에 같은 속도로 붙어, 사람이 건너 탈 수 있게 하겠다고 약속했다.

톡 치면 도는 토크

자동차의 핸들은 왜 크게 만들어야 할까요? 그것은 바로 축바퀴의 원리 때문인데요, 그것을 이해하기 위해서는 우선 토크라는 물리량을 알 필요가 있어요.

30센티미터짜리 자의 한쪽 끝에 구멍을 뚫고 바닥에 박혀 있는 못에 구멍을 끼워 봅시다. 그리고 자의 반대쪽 부분을 가볍게 손으로 치면 자는 못 주위를 회전합니다. 이때 못이 있는 위치를 회전축이라고 합니다.

이때 자를 회전하게 한 것은 자의 방향과 수직인 방향으로 힘이 작용했기 때문입니다. 이때 자에 작용한 힘의 크기와 힘이 작용한 지점에서 회전축까지의 거리의 곱을 토크라고 합니다.

그러니까 어떤 물체가 회전하기 위해서는 토크가 작용해야 합니다. 토크가 클수록 회전이 빠르게 일어납니다. 그러니까 토크를 크게 주기 위해서는 큰 힘을 회전축에서 먼 곳에 작용해야 합니다.

문을 여는 경우를 생각해 봅시다. 문을 연다는 것은 회전축을 중심으로 문을 회전시키는 것입니다. 그러므로 문을 열기 위해서는 문에 토크가 작용해야 합니다.

이때 문손잡이와 회전축 사이의 거리가 짧다면 손잡이를 잡아

당기는 힘과 회전축까지의 거리의 곱이 작으니까 토크가 작게 걸립니다. 그러니까 문의 회전이 빠르지 않지요.

하지만 손잡이와 회전축 사이의 거리가 멀면 손잡이를 잡아당기는 힘을 만드는 토크가 큽니다. 그러니까 문이 빠르게 회전합

토크가 클수록 회전은 빠르게 일어납니다.
토크를 크게 주기 위해서는 큰 힘을 회전축에서 먼 곳에 작용해야 합니다.

니다. 그래서 문손잡이는 회전축의 반대쪽에 설치한답니다.

이제 축바퀴의 원리를 알아봐야겠군요. 축바퀴는 반지름이 다른 두 개의 원통을 하나의 축으로 연결하여 만듭니다. 이때 두 개의 원통이 연결되어 있으니까 큰 원통을 돌리면 작은 원통도 같이 회전합니다. 그러니까 큰 원통이나 작은 원통이나 토크가 같아집니다.

이때 큰 원통에 작은 힘을 작용해도 큰 원통은 회전축으로부터 멀고, 작은 원통은 회전축으로부터 가깝기 때문에 작은 원통에 작용하는 힘은 커지게 됩니다. 그러니까 축바퀴는 작은 힘을 이용하여 큰 힘이 필요한 물체를 돌리기 위해 사용하는 도구입니다.

축바퀴의 원리를 이용한 대표적인 예로는 드라이버를 들 수 있습니다. 드라이버의 손잡이는 큰 원통이고 날은 작은 원통입니다. 그러니까 손잡이를 작은 힘으로 돌리면 날은 큰 힘으로 회전하게 되어 나사를 돌릴 수 있게 되는 거죠.

제10장

터널 구멍이 네모여도 괜찮을까

압축력의 비밀_네모를 사랑한 디자이너

터널 모양은 왜 아치형일까

장력이 부른 사고_백화점 붕괴 사건

백화점의 가운데 기둥을 없애면 어떻게 될까

공명에 의한 다리 붕괴_줄 똑바로 맞춰!

줄맞춰 다리를 건너가면 다리가 무너질까

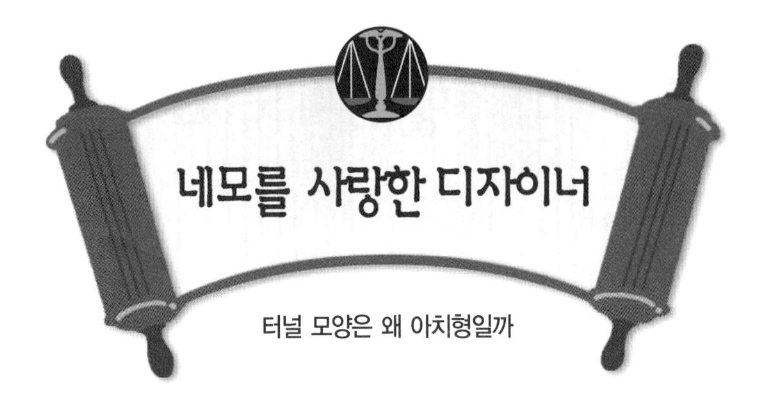

사건 속으로

과학공화국의 수도 사이언스 시티의 북쪽에는 높이 300미터의 노쓰 산이 있다. 사이언스 시티는 점점 인구가 증가했는데 특히 노쓰 산 주변의 인구가 급속히 늘어났다. 그러므로 사이언스 시티는 이 문제를 해결하기 위해 새로운 주택단지를 건설해야만 했다.

결국 사이언스 시티 건설 계획국은 노쓰 산 너머의 넓은 지역을 대단위 아파트 단지로 개발했다. 그런데 한 가지 문제가 생겼다. 노쓰 산의 경사가 가파르기 때문에 노쓰 산을 넘어가는 도로를 만들 수 없었던 것이다. 그리하여 사이언스 시티 건설 계획국은 노쓰 산에 터널을 뚫기로 하고 이 공사를 뚫어뻥 건설에 의뢰했다.

뚫어뻥 건설은 아직까지 터널 공사를 한 번도 해 보지 않은 건설 회사였지만, 이 회사의 김땅굴 사장과 건설 계획국의 건설 과장과 절친한 사이라 이번 공사를 따낼 수 있었다.

드디어 공사가 시작되었다. 착공 8개월이 지나 드디어 터널이 완공되었다. 그런데 터널의 모양이 다른 터널과 달랐다. 다른 터널들이 보통 아치 모양인 반면, 이 터널은 직사각형의 모양으로 되어 있었다. 하지만 이런 모양의 터널이 어떤 결과를 초래할지는 아무도 예측하지 못했다.

드디어 노쓰 산 북쪽의 아파트 주민들이 이 터널을 통해 사이언스 시티로 왕래할 수 있게 되었다. 뻥 뚫린 터널은 한 번에 네 대의 차가 지나갈 수 있을 정도로 그 폭이 커서 차량 통행은 원활했다.

그러던 어느 날 오후, 하늘에 구멍이 난 듯 갑자기 장대비가 쏟아져 내렸다. 때마침 퇴근 시간이라 터널에는 많은 차들이 제자리걸음을 하고 있었다. 갑자기 터널의 천장이 무너져 내리기 시작했다. 잠시 후 수많은 차량들이 터널에 갇혔다.

수많은 사이언스 시티 시민들이 터널 안에 갇히는 대형 사고가 난 것이다. 이 사고의 피해자들은 부실 공사의 책임을 물

산의 무게를 지탱하기 위해서는 돌을 아치 모양으로 쌓아
돌의 압축력을 이용해야 합니다.

어 뚫어뺑 건설을 물리법정에 고소했다.

여기는 물리법정

터널 모양을 네모로 만들어서 무너진 걸까요? 어떻게 지어야 무너지지 않는 터널을 만들 수 있을까요? 물리법정에서 알아봅시다.

물리짱 판사

물치 변호사

피즈 검사

 재판을 시작합니다. 피고 측 말씀하세요.

뚫어뺑 건설은 사이언스 시티의 건설 계획이 의뢰한 대로 노쓰 산을 뚫어 터널을 만들었습니다. 기존의 터널이 아치 모양이라고 해서 모든 터널이 아치 모양일 필요는 없습니다. 요즘은 디자인 시대 아닙니까?

터널의 모양을 네모로 하느냐 세모로 하느냐 아치형으로 하느냐 하는 것은 전적으로 공사를 맡은 뚫어뺑 건설이 선택할 수 있는 문제입니다. 사고 당일은 폭우가 쏟아져 내렸고, 따라서 노쓰 산에 물이 고여 터널이 받는 산의 무게가 다른 날에 비해 컸으리라 생각합니다.

이런 상황이라면 차량 터널 진입을 통제해야 하는데 경찰은 그 임무를 소홀히 했습니다. 그러므로 이 사고의 책임은 사이언스 시티 경찰에 있는 것이지, 뚫어뺑 건설의 책임은 아니라는 것이 본 변호사의 주장입니다.

 원고 측 말씀하세요.

저는 오랜 세월 동안 아치형 건축물의 물리를 연구한 아치 건축 연구소의 양아치 박사를 증인으로 요청합니다.

너덜너덜한 옷을 걸쳐 입고 검은 테 안경을 쓴 40대 남자가 증인석에 앉았다.

증인은 아치 건축 전문가죠?

제가 20년 동안 연구한 분야죠.

대부분의 터널 모양이 아치형인 이유가 있습니까?

물론이죠. 높은 산에 터널을 뚫으면 터널은 산의 무게를 지탱해야 합니다. 그러기 위해서는 돌을 아치 모양으로 쌓아 돌의 압축력으로 산의 무게를 지탱하게 해야죠.

압축력이 뭐죠?

양아치 박사는 잠시 머뭇거리다가 주머니에서 젓가락을 꺼냈다.

이 젓가락을 보세요. 젓가락의 가운데 부분을 위에서 세게 누르면 젓가락의 위쪽과 아래쪽이 받는 힘이 다르게 되요. 이때 젓가락의 윗부분은 젓가락의 중심으로 향하는 압축력을 받게 되죠. 그러니까 압축력이란, 젓가락의 양 끝에서 젓가락을 누르는 힘이라고 볼 수 있죠.

젓가락의 아랫부분은 어떤 힘을 받습니까?

아랫부분은 젓가락의 양 끝 쪽으로 향하는 힘을 받게 되죠. 이 힘은 젓가락의 양 끝을 잡아당길 때의 힘과 같은데, 이 힘을 장력이라고 부르죠. 젓가락의 가운데를 위에서 너무 세게 누르면 젓가락이 부러집니다. 윗부분과 아랫부분 중에서 어느 쪽이 먼저 부러질까요?

동시에 부러집니까?

아니죠. 아랫부분이 먼저 부러지죠.

이유가 뭡니까?

나무의 성질 때문이에요. 나무는 바깥에서 안쪽으로 누르는 힘(압축력)에는 잘 버티고, 바깥으로 당기는 힘(장력)에는 잘 버티지 못하는 성질이 있어요. 나무뿐 아니라 돌멩이도 마찬가지죠.

좋아요. 그럼 박사님은 터널 붕괴 원인이, 터널의 모양을 아치형이 아닌 네모 형으로 만들었기 때문이라는 거군요.

그렇습니다. 돌멩이를 맞춰 끼워 아치형으로 만들고 그 위에 무거운 물체를 놓으면 물체의 무게 때문에 맨 위의 돌멩이가 그 다음의 돌멩이를 누르고, 그 돌멩이는 다음 돌멩이를 누르고 이런 식으로 하여 맨 아래 돌멩이까지 누르게 되죠. 그런데 돌멩이는 누르는 힘에는 잘 버티는 성질이 있으니까 물체의 무게를 잘 지탱하게 되는 거죠.

존경하는 재판장님, 양아치 박사의 얘기에 비추어 볼 때, 노쓰 산 터널 붕괴 사고의 원인은 산의 높이가 300미터에 달하는 데도 불구하고 무게를 잘 지탱하는 구조물인 아치형으로 터널을 공사하지 않아서 발생했다고 생각합니다. 그러므로 사고 피해자들이 주장한 대로 뚫어뻥 건설이 사고에 대한 모든 책임을 져야 한다고 주장합니다.

판결하겠습니다. 돌멩이를 연결하여 터널 벽을 만드는 방법은 다양할 수 있습니다. 피고 측 변호사의 주장대로 현대는 창의적인 디자인 시대이므로 건축물 모양의 선택은 건축가의 결정에 맡겨야 합니다. 하지만 사람이 이용하는 건축물의 경우 항상 먼저 생각해야 하는 것은, 사람들의 안전이 될 것입니다.

이미 아치형의 터널 벽이 다른 모양의 터널 벽보다 무게를 잘 견딘다는 것이 알려진 상태에서 뚫어뻥 건설이 안전한 공법을 택하지 않고 붕괴 사고가 예측되는 공법을 택했다는 것이 인정됩니다.

따라서 원고 측의 주장대로 피고 뚫어뻥 건설은 피해자들과 가족에 대한 모든 책임을 지며 동시에 노쓰 산 터널의 모양을 아치형으로 다시 공사할 것을 선고합니다.

재판이 끝난 후 뚫어뻥 건설은 피해자 가족들에게 회사 전 직원이 나서서 사죄하고 그들의 정신적 · 물질적 피해 보상을 약속했다. 한편 뚫어뻥 건설은 노쓰 산 터널 공사를 다시 시작하였다. 몇 달 후 아름다운 아치 모양의 노쓰 산 터널은 입구의 화려한 조명으로 사이언스 시티 북부의 유명한 건축물이 되었다.

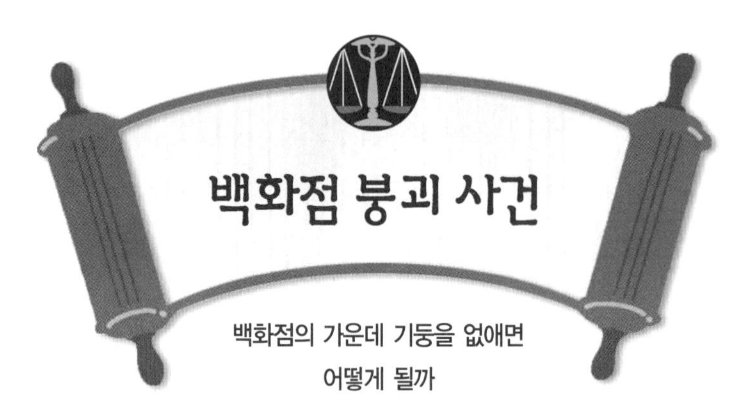

백화점 붕괴 사건

백화점의 가운데 기둥을 없애면
어떻게 될까

사건 속으로

강전시 사장은 부동산 투기로 많은 돈을 벌었다. 그는 이 돈으로 과학공화국에서 가장 큰 백화점을 짓기로 했다. 그는 백화점 공사를 주문대로 건설에 맡겼다. 주문대로 건설은 백화점 공사 설계도면을 강전시 사장에게 보여 주었다. 설계도면을 꼼꼼히 살펴보던 강전시 사장이 말했다.

"왜 이렇게 기둥이 많은 거요? 이렇게 기둥이 많으면 손님들의 시야를 가리잖소? 외곽에 있는 기둥만 남기고 나머지 기둥은 모두 없애도록 하세요."

"주문대로 하겠습니다."

주문대로 건설은 강전시 사장의 제안대로 도면을 수정하여 공사했다. 이렇게 하여 과학공화국에서 가장 큰 데인저 백화점이 완공되었다. 데인저 백화점은 층마다 공간이 아주 넓어 많은 매장이 들어올 수 있었다.

의류를 주로 판매하는 데인저 백화점이 완공되자 많은 사이언스 시티 사람들이 백화점에 몰려들었다. 층마다 기둥이 없어 모든 매장이 잘 보이고, 다른 백화점에 비해 훨씬 넓어 보였다. 사람들은 각 매장마다 북새통을 이루었다.

드디어 백화점 개장날. 백화점에는 헤아릴 수 없을 정도로 많은 사람들이 몰려들었다. 하지만 외곽의 기둥만으로 많은 사람들의 무게를 견디는 것은 불가능했다.

7층 바닥이 무너지면서 건물이 주저앉기 시작했다. 순식간에 백화점 건물은 폐허로 변했고, 많은 사람들이 땅속에 묻혔다. 이 사건은 과학공화국 역사상 가장 참혹한 건물 붕괴 사건이었다.

이 사고의 피해자 가족들은 건물의 붕괴가 주문대로 건설의 부실시공에 있다며 주문대로 건설을 물리법정에 고소했다.

백화점의 바닥을 지탱하는 것은 적당한 간격으로

배치되어 있는 건물 안쪽의 기둥입니다.

여기는 물리법정 건물의 가운데 기둥을 함부로 없애면 안 되나 보죠? 데인저 백화점의 붕괴 원인을 물리법정에서 알아볼까요?

물리짱 판사

물치 변호사

피즈 검사

피고 측 말씀하세요.

주문대로 건설은 다른 건설 회사보다 좋은 건축자재를 사용하여 안전한 건물을 짓는 것으로 잘 알려진 회사입니다. 저는 이 사고가 주문대로 건설의 부실시공이 아니라 너무 많은 입장객을 받은 데인저 백화점의 강전시 사장에게 책임이 있다고 생각합니다.

원고 측 변론하세요.

주문대로 건설의 공사 책임자인 소심해 과장을 증인으로 요청합니다.

작업복 차림의 한 사내가 주위를 힐끔힐끔 쳐다보며 증인석에 앉았다.

증인은 데인저 백화점의 설계와 시공을 맡았죠?

그렇습니다.

이번 사고의 원인은 뭐라고 생각합니까?

저희는 강전시 사장이 가운데 기둥을 빼라고 해서 뺀 것뿐입니다. 기둥 몇 개를 뺀다고 해서 백화점이 무너질 거라고는 생각도 못했습니다.

그러니까 처음부터 기둥을 빼고 설계한 것이 아니라 강전시 사장이 시켜서 설계가 바뀌게 된 것이군요.

네.

이 사고는 주문대로 건설이 처음 설계한 것을 강전시 사장이 매장의 미관 때문에 가운데 설치 예정이던 기둥을 뺀 채 공사를 하도록 지시하여 일어난 사건입니다. 여기서 가운데 기둥을 뺐을 때 건물이 붕괴될 수 있다는 것을 입증하기 위해 건물 안전 연구소의 강건축 소장을 증인으로 요청합니다.

아줌마 파마를 한 40대 남자가 증인석에 앉았다.

증인은 이 사고 현장을 조사하셨죠?

그렇습니다. 경찰과 함께 건물의 붕괴 원인을 조사하기 위해 현장 조사를 했습니다.

사고의 가장 큰 원인은 뭐라고 생각합니까?

커다란 건물 상판을 외곽의 기둥으로만 지탱하고 있어 상판에 많은 사람들이 있을 때는 그 무게를 견뎌 낼 수 없기 때문에 주저앉은 것으로 생각됩니다.

결국 강전시 사장이 가운데 기둥을 모두 제거하라고 했기 때문에 이런 사고가 발생했다는 얘기군요.

그렇게 볼 수 있죠.

좀 더 물리학적으로 설명해 주시겠습니까?

좋습니다. 실험을 해 보이죠.

강건축 소장은 법정 앞으로 나아가 같은 크기의 벽돌 두 장을 세로로 세우고 종이 한 장을 그 위에 올려놓았다. 그리고 종이의 중앙에 껌 한 통을 올려놓았다. 순간 종이가 크게 휘어지면서 껌이 바닥으로 떨어졌다.

종이를 백화점 건물의 바닥이라고 하고, 껌을 바닥 위를 걸어 다니는 사람이라고 생각하면 됩니다. 이렇게 종이를 양 끝에 있는 두 개의 벽돌로 버티는 경우, 종이의 중앙에 큰 무게가 걸릴 때 종이는 그것을 견딜 수 없어 주저앉게 됩니다. 다음 실험을 보시죠.

강건축 소장은 벽돌 두 개를 더 가지고 와서 종이 밑을 받쳤다. 이제 벽돌과 벽돌 사이의 거리는 아주 가까워졌다. 강건축 소장은 이웃해 있는 벽돌 위의 종이 부분의 중앙에 다시 껌 한 통을 올려놓았다. 종이는 별로 휘어지지 않고 껌을 지탱하고 있었다.

보셨죠? 지금 새로 가운데 놓은 두 개의 벽돌이 바로 백화점 건물의 가운데 기둥이라고 생각하면 됩니다.

이해가 되는군요. 재판장님도 실험을 보셔서 이해가 되셨겠지만 백화점의 바닥이 주저앉지 않게 하는 것은, 적당한 간격으로 배치되어 있는 건물 안쪽의 기둥들입니다.

건물의 안전에 중요한 기둥을 제거함으로 인해 건물이 붕괴되었으므로 데인저 백화점은 부실시공이 틀림이 없다고 생각합니다. 그러므로 원고의 주장대로 피고인 주문대로 건설이 모든 피해 보상의 의무가 있다고 하겠습니다.

판결하겠습니다. 우리가 어떤 나쁜 일을 할 때 그 일을 누군가가 시켜서 했다면 시킨 대로 일을 한 사람보다, 그 일을 시킨 사람이 더 나쁘다 할 것입니다.

물론 건설 회사는 건물의 안전을 위협하는 설계 수정에 대해 응하지 않아야 합니다. 하지만 무식한 건축주의 말을 듣지 않으면 건축 공사를 따내기 힘든 것이 최근 건설업계의 현실임을 인정하지 않을 수 없습니다.

이런 근거로 백화점에 쇼핑 온 많은 사람들의 안전을 생각하지 않고, 단지 좀 더 물건을 잘 보이게 하여 더 많이 팔려고 한 강전시 사장의 죄가 크고, 기둥을 뺄 경우 건물이 붕괴될 수 있다는 것을 잘 몰랐던 건축 설계자의 죄 또한 작지 않다고 봅니다.

따라서 본 사고의 책임은 강전시 사장과 주문대로 건설 양측 모두에 있다고 판결합니다.

재판이 끝나고 데인저 백화점과 주문대로 건설은 피해자와 피해자 가족들의 정신적 · 물질적 피해를 책임지기로 약속하였다. 과학공화국은 건물의 안전성에 대한 경각심을 높이기 위해 데인저 백화점의 붕괴 현장 옆에 과학관을 지어 어린아이들이 여러 가지 실험을 통해 어떤 건축물이 안전한가를 실험할 수 있게 되었다.

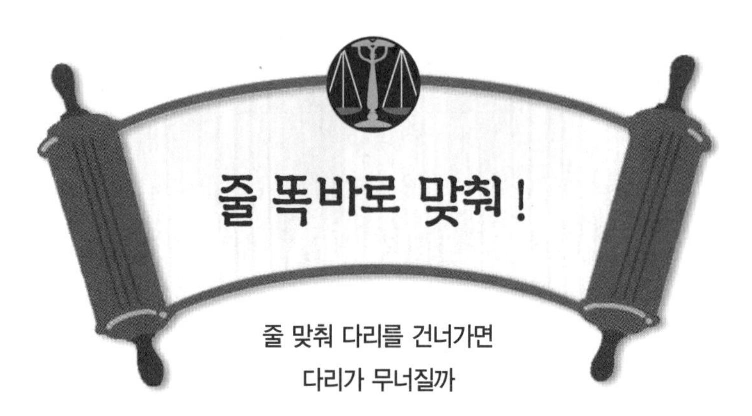

줄 맞춰 다리를 건너가면
다리가 무너질까

사건 속으로

과학공화국 남부 해안에 육지로부터 800미터 떨어진 아이소 섬이 있다. 아이소 섬은 사람이 살지 않는 섬이고, 숲이 울창하게 우거져 있었다.

과학공화국 국방부는 이 섬을 국군 훈련장으로 개발하기로 하였다. 그리하여 국방부는 섬과 육지를 잇는 다리를 만들기로 결정하고 이 공사를 출렁 건설에 의뢰했다.

출렁 건설은 과학공화국에서 현수교 건설로는 최고의 기술을 자랑하는 건설 회사였다. 아이소 섬과 육지 사이의 바다

수심이 비교적 깊어, 현수교가 아니라면 다리를 놓는 것이 불가능했기 때문에 과학공화국은 섬과 육지를 연결하는 현수교를 짓기로 한 것이다.

드디어 출렁 건설의 공사가 시작되었다. 몇 달 후 과학공화국에서 가장 아름다운 현수교인 아이소 대교가 완공되었다. 현수교는 다른 다리와 달리 상판 한 개로 이루어져 있어 사람들이 건널 때마다 약간 출렁거리는 느낌을 받았다. 하지만 출렁 건설은 정확한 계산에 의해 아이소 대교를 공사했기 때문에 안전성에는 매우 강한 자신감을 보였다.

다음 날부터 육지에 있는 부대들이 훈련을 위해 아이소 대교를 건너갔다. 처음 훈련을 하는 부대는 테크노 부대였고, 부대장은 줄맞춰 대령이었다. 줄맞춰 대령은 부대원들의 줄이 맞지 않는 것을 가장 싫어했는데, 부대 행군 대회에서 테크노 부대가 최근 3년 동안 1등을 할 정도로 그의 부대는 칼같이 줄을 맞춰 걷는 것으로 유명했다. 테크노 부대는 매일 아침 같은 시각에 아이소 대교를 줄맞춰 건너갔다.

약간의 바람이 불던 어느 날, 테크노 부대는 줄맞춰 대령의 지휘 아래 아이소 대교를 건너가고 있었다. 그런데 다른 날과 다르게 다리의 상판이 더 큰 폭으로 출렁거리기 시작했다. 부대원들은 놀랐지만 아랑곳하지 않고 칼같이 줄을 맞춰 다리를 건너갔다. 다리가 점점 더 큰 폭으로 출렁거리더니

물체가 지니는 고유 진동수가 강제 진동수와 같아지면
물체의 진폭이 커지게 됩니다.

급기야 엿가락처럼 휘어져 두 동강이 났다. 테크노 부대원들은 모두 물에 빠져 허우적거렸다. 다행히도 이 사고로 인한 인명 피해는 없었다.
국방부는 이 사건에 대해 출렁 건설이 모든 책임을 져야 한다고 주장했지만, 출렁 건설은 다리 붕괴의 책임이 테크노 부대에 있다며 줄맞춰 대령을 물리법정에 고소했다.

여기는 물리법정

줄맞춰 대령이 군인들에게 줄맞춰 다리를 건너게 했군요. 그것과 다리가 무너지는 것과 무슨 관련이 있을까요? 물리법정에서 알아봅시다.

물리짱 판사

물치 변호사

피즈 검사

피고 측 말씀하세요.

이건 도대체 말이 안 되는 재판입니다. 군인은 줄을 잘 맞춰 행군할 때가 가장 보기 좋습니다. 그런 면에서 줄맞춰 대령의 테크노 부대는 항상 줄을 잘 맞춰 행군하여 많은 국민들의 사랑을 받고 있습니다.
줄맞춰 대령 덕분에 테크노 부대원들을 두 명 이상만 걸어가도 줄을 맞춰 걸을 정도로 줄을 맞춰 걷는 것이 습관처럼 되어 있습니다.
이는 다리를 건너 갈 때도 마찬가지입니다. 군인들이 줄을 맞춰 걸어가는 것과 다리가 무너지는 것이 어떤 관계가 있다는 건지 본 변호사는 이해가 되지 않습니다. 원고의 이유 없는 억지에 대해 줄맞춰 대령을 무죄 판결해 줄 것을 재판장님께 부탁드립니다.

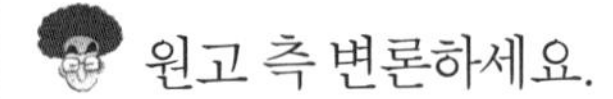

원고 측 변론하세요.

공명 연구소의 한공명 소장을 증인으로 요청합니다.

한공명 소장이 증인석에 나왔다.

증인이 하는 일을 간단히 소개해 주십시오.

우리 공명 연구소는 생활 속에서 일어나는 모든 공명 현상을 연구하고 있습니다.

공명이 뭔가요? 좀 알기 쉽게 설명해 주세요.

좋습니다. 실험을 해 보이죠.

한공명 소장은 조그만 탁자 위에 유리잔을 올려놓았다. 그리고 신디사이저를 가지고 왔다.

모든 물체는 고유한 진동수로 진동을 합니다. 이 앞에 있는 유리잔이 조금도 움직이지 않는 것처럼 보이지만 사실은 유리잔의 고유 진동수로 진동을 하고 있습니다. 물론 이 유리잔의 진폭이 너무 작아 우리 눈에 보이지 않는 거죠. 더군다나 유리는 고무줄이나 용수철처럼 탄성체가 아니기 때문에 조금만 늘어나도 견디지 못하고 깨지는 성질이 있습니다. 이제 신디사이저의 소리를 이용하여 이 유리잔을 깨지게 하겠습니다.

그게 가능한 일인가요?

한공명 소장은 신디사이저를 작동시켜 진동수가 작은 낮은 음부터 연속적으로 진동수가 점점 커지는 음을 만들어 냈다. 갑자기 유리잔이 흔들거리더니 퍽 하는 소리와 함께 깨졌다.

보셨죠. 이것이 마술처럼 보이지만 사실은 공명이라는 물리 현상입니다. 신디사이저로 소리를 내면 주위 공기의 밀도가 주기적으로 달라집니다.
이때 유리컵은 공기의 밀도가 클 때는 큰 압력을 받고 밀도가 작을 때는 작은 압력을 받게 됩니다. 이것이 유리컵을 강제로 진동시키게 되죠.
이때의 진동수를 강제 진동수라고 부르는데, 이것과 물체의 고유 진동수가 같으면 순간적으로 물체의 진폭이 엄청나게 커지게 되는데 이것을 공명이라고 합니다. 유리의 경우는 큰 진폭을 견딜 수 없어 깨지게 되는 거죠.

이 사고의 경우도 공명과 관계가 있습니까?

그렇다고 봅니다. 아이소 다리는 외부의 강제적인 힘을 받지 않고도 스스로의 무게 때문에 위아래로 진동합니다.
이때의 진동수가 아이소 다리의 고유 진동수이죠. 이때 군인들이 줄을 맞춰 걸으면 다리의 각 지점은 주기적인 힘을 받게 되는데, 이런 주기적인 힘은 다리를 강제적으로 진동시킬 수 있습니다.
이때 군인들이 다리를 강제로 진동시키는 강제 진동수와 다리의 고유 진동수가 일치하면 공명 현상이 일어나 다리가 위아래로 출렁거리는 진폭이 상상할 수 없을 정도로 커지게 됩니다. 그러다 보면 다리가 끊어질 수 있다고 생각합니다.

존경하는 재판장님. 이 사건은 테크노 부대의 군인들이 줄맞춰 아이소 대교를 지나감으로 인해 다리를 강제 진동시켰고, 이때 강제 진동수가 다리의 고유 진동수와 일치하여 공명이 일어나서 다리가 무너진 것으로 판단됩니다.
따라서 다리의 붕괴는 다리의 부실시공도 천재지변도 아닌, 줄맞춰 대령의 물리학 지식이 약해 벌어진 인재이므로 줄맞춰 대령에게 그 책임이 있다고 주장하는 바입니다.

물리학에서 공명 현상은 물리를 좋아하는 과학공화국의 국민들에게도 좀 어려운 현상입니다. 물론 물리책을 많이 본 국민은 알고 있겠지요. 하지만 어려운 물리 이론을 모든 국민이 알 거라고 생각하는 데는 조금 무리가 따른다고 생각합니다. 결과적으로는 테크노 부대원이 줄을 맞춰 건너간 것이 다리의 붕괴를 초래했지만, 다리의 입구에 줄을 맞춰 건너가지 말라는 경고문이 없었던 것 또한 다리의 공사를 맡은 출렁 건설의 책임이기도 합니다.

따라서 이 사건은 앞으로 지어지게 될 많은 현수교에 이런 사고도 일어 날 수 있음을 알리는 경고 문구를 넣는 선례를 남기는 사건으로 하고, 과학공화국의 물리 기금을 이용하여 무너진 아이소 대교를 복원하며, 줄맞춰 대령은 3년 동안 전국의 군부대를 돌며 이 사고에 대해 설명을 할 것을 판결합니다.

재판 후 아이소 대교가 다시 세워졌고, 그 입구에는 지난번 사고의 현장 사진과 함께 '줄 맞춰 건너는 것은 다리를 두 번 죽이는 일!' 이라는 경고 문구가 걸렸다. 한편 줄맞춰 대령은 군부대를 돌며 다리를 건널 때 부대의 행군 요령에 대해 강의를 하고 있다.

건축물이 튼튼!

건축물은 예쁜 것도 중요하지만 그보다 더 중요한 것은 얼마나 튼튼한가입니다. 아무리 예쁜 건축물도 무너져 버리면 소용이 없으니까요.

그럼 건축물을 안전하게 지으려면 어떻게 해야 할까요? 바로 물리를 이용하는 거죠. 우선 어떤 건축물을 지을 때 그 건축물에

과적 차량이 지나갈 때 왜 다리가 끊어질까요?
다리를 지탱하는 반발력이 약해져 힘의 평형이 깨지기 때문입니다.

작용하는 모든 힘을 생각해야 합니다. 그리고 건축물의 구조가 그런 힘들을 지탱할 수 있어야 합니다. 그러니까 다리를 세울 때는 다리 위에 어떤 무게의 차들이 얼마나 자주 통과하는지를 조사하여 차들의 무게가 다리에 작용하는 힘을 다리가 버틸 수 있도록 다리를 지어야 합니다. 만일 다리가 다리 위의 차들의 무게를 견디지 못하면 다리는 무너질 테니까요.

과적 차량은 다리 붕괴의 주범입니다. 과적 차량이란 정해진 무게보다 더 많은 화물을 싣고 달리는 트럭을 말합니다. 이런 차들이 다리를 지나가게 되면 다리에 순간적으로 큰 힘이 작용하게 되어 다리를 지탱하는 반발력이 이 힘을 견딜 수 없게 됩니다. 그러므로 힘의 평형이 깨져 다리가 축 처지게 되고, 이러한 처짐이 계속되면 그 지점에서 다리는 끊어지지요.

한편 다리를 보면 삼각형으로 이루어진 철제 틀을 사용하는데, 그것은 삼각형이 아주 튼튼한 구조이기 때문이죠. 또한 아치 모양은 아치 위에 무거운 물체를 잘 지탱할 수 있는 장점이 있어 터널 공사에 많이 사용되는 구조입니다.

● 공명에 의해 붕괴된 다리

실제로 공명에 의해 무너진 다리가 있을까요?

1831년 캘버리 부대는 영국 맨체스터의 육교를 건너갔대요. 이 부대는 줄을 맞춰 육교를 건너갔는데 갑자기 다리가 큰 폭으로 출렁거리더니 이내 무너졌다고 해요. 이것은 규칙적인 외부의 힘에 의한 진동수와 다리의 진동수가 일치하여 공명이 일어났기 때문이죠.

1940년 미국 워싱턴 주에 있는 타코마 다리는 길이가 853미터인 아주 아름다운 현수교였지요. 이 다리는 바람이 불면 흔들거렸는데, 지어진 지 4개월 뒤에 돌풍이 불어와 다리가 큰 폭으로 흔들리다가 끊어졌다고 해요. 이것은 다리의 진동수와 돌풍에 의한 진동수가 일치하여 공명이 일어났기 때문에 벌어진 사고지요.

물리와 친해지세요

이 책을 쓰면서 좀 고민이 되었습니다. 과연 누구를 위해 이 책을 쓸 것인지 난감했거든요. 처음에는 대학생과 성인들을 대상으로 쓰려고 했습니다. 그러다 생각을 바꾸었습니다. 물리와 관련된 생활 속의 사건이 초등학생과 중학생에게도 흥미 있을 거라는 생각에서였지요.

초등학생과 중학생은 앞으로 우리나라가 21세기 선진국으로 발전하기 위해 필요로 하는 과학 기술의 꿈나무들입니다. 하지만 최근에는 청소년 과학 교육에 대해 무관심하지 않나 싶습니다. 생활 속에서 과학을 발견하도록 하여 쉽게 이해시키는 교육보다는 공식이나 개념을 암기시키는 교육이 성행하곤 하니까요. 과연 우리나라에서 노벨상 수상자가 나올까 하는 의문이 들 정도로 심각한 상황에 놓였습니다.

저는 부족하지만 생활 속의 물리를 학생 여러분의 눈높이에 맞추고 싶었습니다. 물리는 먼 곳에 있는 것이 아니라 우리 주변에 있다는 것을 알리고 싶었습니다. 물리 공부는 자연에 대한 호기심과 궁금증에서 시작됩니다. 물리와 관련된 수많은 청소년 대상 도서들이 쏟아져 나오는 현실에서, 이 책이 청소년들에게 실질적인 도움을 주었으면 합니다.